AF567840

Felix Hofmann

# REFRAME
Die Psychologie der Innovation

Felix Hofmann

# REFRAME

## DIE PSYCHOLOGIE DER INNOVATION

Mutiger handeln,
klüger entscheiden und
andere zum Umdenken bewegen

Bibliografische Information der Deutschen Nationalbibliothek
Die Deutsche Nationalbibliothek verzeichnet diese Publikation in der Deutschen Nationalbibliografie; detaillierte bibliografische Daten sind im Internet über *www.dnb.de* abrufbar.



metro**politan** – ein Imprint des Walhalla Fachverlags

1. Auflage 2023

Produktion: Walhalla Fachverlag, 93042 Regensburg
Umschlaggestaltung: Anna Pfeiffer
Printed in Germany
ISBN 978-3-96186-070-8

# Inhalt

## Reframing: Der Schlüssel für mehr Innovation

Wenn du jemanden in deiner Organisation fragen würdest, ob Innovation wichtig ist, lautet die Antwort wahrscheinlich „Ja“ – ganz gleich, wen du fragst. Wenn es aber darauf ankommt, wenn die Ressourcen für Innovation in Konkurrenz zu anderen Themen stehen, wenn man große Risiken eingehen und sich auf Neuland bewegen muss, dann schrecken viele zurück. Warum ist das so?

Falls du Bücher wie *Schnelles Denken, Langsames Denken* von Daniel Kahneman oder *Die Kunst des klaren Denkens* von Rolf Dobelli kennst, weißt du, dass Menschen seltsame, irrationale Wesen sind. Die meisten halten sich für schlauer und kreativer als sie tatsächlich sind, haben viele Ängste, die sie nur selten zugeben würden, denken kurzfristig, sind schlecht darin, eine einmal gefasste Meinung zu ändern, und noch schlechter darin, andere zum Umdenken zu bewegen. Wir lesen darüber, amüsieren uns über unsere eigenen Unzulänglichkeiten und schlagen das Buch schlussendlich mit einem lachenden und einem weinenden Auge wieder zu.

Für die Innovation in etablierten Organisationen ist diese „Unbelehrbarkeit“ jedoch tragisch. Man liest viel von fehlender Risikokultur, organisatorischer Trägheit und den „Antikörpern“, die radikale Innovation verhindern. Es klingt ganz so, als könnte man dagegen nichts tun. Dabei ist es möglich, kognitive Verzerrungen (Englisch: biases) nicht nur zu erkennen und ihnen damit einen Teil ihrer Macht zu nehmen, sondern sie auch zu nutzen. Wir können nämlich ihre Macht, wie bei der japanischen Kampfkunst Aikido, umleiten und zur Förderung von Innovation einsetzen.

Der Schlüssel dazu ist das Reframing. Das ist ein Begriff, den du wahrscheinlich schon mal gehört hast, sonst hättest du vielleicht auch nicht zu diesem Buch gegriffen, der jedoch meist etwas schwammig bleibt. Aber wenn du mir ein paar Stunden deiner Zeit schenkst, wirst du nicht nur eine bessere Vorstellung davon haben, was Reframing bedeutet und wie es angewendet wird, sondern auch eine Reihe von Tools und Übungen kennen, die dir und anderen helfen, kreativer, mutiger und langfristiger zu handeln.

## Warum dieses Buch?

Braucht es ein weiteres Buch über Innovation? Das habe ich mich auch gefragt. Ich denke schon! Und das ist der Grund:

Es gibt Bücher über kognitive Verzerrungen aus dem Bereich der Verhaltenswissenschaften. Und es gibt Bücher über Corporate Innovation und Unternehmenskultur. Doch kein Buch bringt diese beiden Themen direkt zusammen. Dabei bringt die Verschmelzung sehr viele Erkenntnisse, wie ich finde. Dieses Buch erklärt, warum Innovation in etablierten Unternehmen meistens scheitert und zeigt auf, was verändert werden muss, damit sie gelingen kann.

Ich hoffe, dass du nach dem Lesen des Buches die Dinge besser verstehst, die sich jeden Tag vor deinen Augen abspielen. Warum investieren wir in unserer Firma nicht in Innovation, wenn wir doch wissen, wie wichtig sie ist und ständig davon reden? Warum schaffen wir es nicht, Projekte zu beenden, deren strategische Bedeutung verloschen ist? Warum gelingt es uns nicht, radikal und neu zu denken? All diese und weitere Fragen sollen nach dem Lesen des Buches klarer sein.

Innovation hat mich schon immer fasziniert. Seit ich ein Teenager war, wollte ich etwas gründen und Neues erschaffen. Im

Jahr 1999, als die New Economy ihre Hochphase erreicht hatte, war ich 16 Jahre alt. Diese Zeit hat mich stark beeinflusst. Fast täglich notierte ich mir neue Geschäftsideen. Mit 25, direkt nach meinem Wirtschaftsstudium in Berlin, gründete ich mit Freunden mein erstes Start-up. Ich lernte, was es heißt, mit Rückschlägen umzugehen und welche Rolle Emotionen in der Innovation spielen. Ein paar Jahre später, als ich zurück an die Uni ging, um meinen Master in Innovationsmanagement abzuschließen, wurde ich CEO der Beratungsfirma BMI Lab. Es war ein Spin-off der Universität St. Gallen, an der ich studiert hatte. Ich half, aus dem Uni Lab eine Innovationsberatung zu machen, die ich anschließend sieben Jahre lang leitete. Dort führte ich mehr als 300 Innovations-Workshops mit den unterschiedlichsten Unternehmen aus verschiedensten Branchen durch. Ich lernte viele innovative Projekte und spannende Menschen, zum Teil aus der Geschäftsleitung großer europäischer Konzerne, kennen. Aber ich erkannte auch viele Probleme in der Corporate Innovation, die ich in diesem Buch behandeln werde. Es waren immer wieder die gleichen Dinge: Die meisten Menschen halten sich für kreativ, doch in Wahrheit bleiben sie gerne in ihrer Komfortzone und versuchen Probleme nur sehr oberflächlich zu verstehen.

Viele Menschen haben Angst vor Innovation, adressieren diese aber nicht, sondern schieben gern andere Gründe vor. Die meisten denken kurzfristig und geben oftmals viel zu früh auf. Und die Menschen, die Innovation vorantreiben wollen, sind oftmals Einzelkämpfer, die es nicht schaffen, andere zum Umdenken zu bewegen, geschweige denn mitzureißen.

In den sieben Jahren sah ich viele, wirklich innovative Projekte scheitern. Man könnte es sich einfach machen und sagen, dass sie an der Kultur gescheitert sind. Das stimmt auch zu einem gewissen Grad. Ich habe nur ein Problem mit dem Wort „Innovations-“ bzw. „Unternehmenskultur“. Es suggeriert, dass andere das Problem sind. Wenn ich der fehlenden Innovationskultur die Schuld gebe, dann bin ich selbst machtlos. Deswegen ist dies auch kein Buch über Innovationskultur, sondern über Menschen, Individuen, die Psychologie gezielt einsetzen, um sich und andere zu besseren Innovatoren zu machen. Es ist ein Buch, das dir konkret sagt, was du verbessern kannst, wenn das Umfeld nicht perfekt ist.

Während der Corona-Pandemie im Jahr 2020 machte ich ein Think Year, das dann, wie auch die Pandemie, viel länger als ein Jahr ging. In dieser Auszeit begann ich, für dieses Buch zu recherchieren und mehr über die Psychologie in der Innovation zu verstehen. Ich lernte, wie man Erkenntnisse aus der Psychologie einsetzen kann, um mehr Innovation in etablierten Organisationen zu fördern. Doch statt direkt dieses Buch zu schreiben, entschied ich mich, mein neues Wissen mit mehreren Kunden zu testen. Über Monate coachte ich Innovationsteams in einem Weiterbildungsprogramm, das ich „Innovation Mindset Mastery" nenne. Dadurch konnte ich die vielen Konzepte, die du in diesem Buch findest, ausprobieren und verbessern. Die Erkenntnisse daraus findest du auf den folgenden Seiten.

## Psychologie einsetzen, um Innovation zu fördern

Dieses Buch beschäftigt sich mit der Rolle von Psychologie in der Innovation. Kognitive Verzerrungen, Emotionen und falsche Kommunikation führen dazu, dass Mitarbeitende in Organisationen kurzfristig denken und oftmals feige handeln. Du wirst lernen, wie du kognitive Verzerrungen für mehr Innovation nutzen, Emotionen verändern und deine Kommunikation verbessern kannst. Der Schlüssel dafür ist oftmals ein Perspektivenwechsel – ein Reframing.

Zunächst werde ich ausführlich erklären, was Reframing ist, denn im Laufe des Lesens wirst du dem Konzept immer wieder begegnen. An dieser Stelle möchte ich dir ein Beispiel geben.

Angenommen, du bist in einer schwierigen und ärgerlichen Situation. Irgendwas lief nicht so, wie du es dir vorgestellt hattest. In diesem Fall lohnt es sich, folgende Reframing-Frage zu stellen: Was ist das Großartige an dem Problem? Wenn du in einer schwierigen Situation steckst und dir dann diese Frage stellst, gerätst du erstmal ins Stocken. Denn die Frage passt so gar nicht zu dem, wie du dich gerade fühlst. Doch, wenn du dir wirklich die Zeit nimmst, dich mit dieser Frage zu beschäftigen, merkst du schnell, wie sich sofort neue Möglichkeiten auftun. Du hast die Perspektive verändert. Du hast etwas Negatives in etwas Positives umgeframt.

Kapitel 1 beschäftigt sich mit den Grundlagen, warum Menschen irrationale Entscheidungen in der Innovation treffen und weshalb Reframing überhaupt möglich ist. Aber das Buch ist nicht nur eine Röntgenbrille. Es ist auch ein Werkzeugkasten, eine sogenannte Toolbox. Es zeigt, welche Ansätze es aus der Psychologie gibt, um die wiederkehrenden Probleme in der Corporate Innovation zu lösen.

In den Kapiteln 2 bis 5 beschäftigen wir uns im Detail mit Kreativität, Courage, langfristigem Denken und dem Durchhaltewillen bzw. der langfristigen Motivation. Du lernst, wie du Tools einsetzen und Übungen durchführen kannst, um kreativer zu werden, mutiger zu handeln, langfristiger zu denken und Rückschläge in Treibstoff umzuwandeln.

In Kapitel 6 geht es um die Frage, wie man Innovation als neue Norm etablieren kann und andere von radikaler Innovation überzeugt. In Kapitel 7 findest du zudem eine Übersicht mit den wichtigsten Reframing-Tools, die du in deiner täglichen Praxis anwenden kannst.

Das Buch erklärt nicht, warum Innovation wichtig ist und immer wichtiger wird. Dazu gibt es viele andere Bücher. Es beschäftigt sich stattdessen mit der Frage, weshalb Innovation oftmals scheitert, selbst dann, wenn der Wille für Innovation eigentlich da zu sein scheint. Und es zeigt auf, wie man Psychologie einsetzen kann, um das zu ändern.

## Für wen ist dieses Buch?

Wenn du mehr mutige Innovation in deine Organisation bringen willst, ist dieses Buch für dich genau richtig. Dabei spielt es keine Rolle, ob deine Firma aus Hunderttausend oder nur ein paar Mitarbeitenden besteht. Führungskräften will ich mit diesem Buch helfen, ihr Unternehmen zu transformieren und die Kultur zu verändern. Denn ganz ohne Führung geht es nicht. Mitarbeitenden aus dem Innovationsmanagement eines Konzerns zeigt dieses Buch, wie sie ihren Einfluss erweitern und erfolgreicher in ihrem Job werden. Intrapreneure, die versuchen, ein innovatives Projekt (oder Venture) gegen alle Widerstände in der Organisation umzusetzen, hilft es, widerstandsfähiger zu werden und die Motivation nicht zu verlieren.

Noch ein paar Worte zum Gendern. Ich habe dieses Buch für jeden Menschen geschrieben, der mehr Innovation in seine Organisation bringen möchte und schließe niemanden aus. Da es derzeit leider keine allgemeingültigen Regeln zum Gendern in der deutschen Sprache gibt, habe ich versucht, mein eigenes System zu entwickeln. Es basiert auf drei einfachen Regeln:

1. Wenn möglich, verwende ich genderneutrale Begriffe (z. B. Mitarbeitende statt Mitarbeiter).
2. Im Plural verwende ich in Ausnahmen das generische Maskulin, wenn es keine etablierten genderneutralen Begriffe gibt (z. B. Innovatoren statt Innovatorinnen).
3. Um das auszugleichen, verwende ich im Singular generisch die weibliche Form (z. B. Kandidatin statt Kandidat), sofern es sich nicht um eine konkrete Person handelt.

Meiner Meinung nach stört das den Lesefluss kaum. Ich hoffe, dass dieses System auch für dich funktioniert und du dich auf keinen Fall ausgeschlossen fühlst. Und wie du wahrscheinlich bereits festgestellt hast, duze ich meine Leserinnen und Leser. Ich finde das irgendwie sympathischer – IKEA und Apple machen es schließlich auch. Hah!

Für alle, die tiefer in die Materie einsteigen und interaktiv die Tools anwenden wollen, habe ich einen Online-Kurs entwickelt: www.psychology-innovation.com

Für Organisationen, die ihre Kultur verändern und viele Mitarbeitende gleichzeitig mit den Themen dieses Buches in Kontakt bringen möchten, habe ich Workshops und ein größeres Transformationsprogramm entwickelt.

Mehr dazu findest du auf meiner Website:
www.felixhofmann.com

Oder scanne den QR-Code:

Zu vielen meiner Themen (Kreativität, Mut, langfristiges Denken, Motivation, Beeinflussung etc.) findest du auch spannende Videos auf meinem YouTube-Kanal – schau gern mal vorbei: @felixhofmann

*Felix Hofmann*

# KAPITEL 1
# VERZERRTE WAHRNEHMUNG

Was glaubst du: Was ist der größte Fehler, den die meisten Firmen in der Innovation machen? Vielleicht Geschäftsideen mit Lego zu demonstrieren und nach dem Wochenende nicht mehr zu wissen, wofür eigentlich der grüne Plastikkaktus stand? Oder Post-its so zu kleben, dass sie nicht am Whiteboard hängenbleiben und tags drauf allesamt auf dem Boden liegen? Beides ärgerlich, aber darauf wollte ich nicht hinaus. Zu wenig Kontakt zu den Kunden oder zu starker Fokus auf Technologie? Schon dichter dran.

Die Antwort: Einer der größten Fehler ist es, Innovation als einen rein rationalen Prozess zu behandeln. Aber Menschen sind nicht rational und Entscheidungen werden überwiegend unbewusst getroffen. Damit sind auch Innovationsprozesse eine höchst irrationale Angelegenheit. Das Wissen über diese Irrationalität hilft dir, sie für dich nutzbar zu machen. Denn, wenn du die Irrationalität verstehst, kannst du damit dein Unternehmen innovativer machen.

## Unbewusste Entscheidungen

Tatsächlich sind die meisten unserer Entscheidungen von kognitiven Verzerrungen beeinflusst. Wenn du dich mit dem Einfluss kognitiver Verzerrungen und Emotionen auf Entscheidungen auseinandersetzt, kannst du daraus einige Vorteile für dich ziehen:

1. Deine eigenen Entscheidungen werden sich verbessern.
2. Mit dem Wissen über Psychologie kannst du das irrationale Handeln anderer besser verstehen.

Denn Irrationalität ist nicht unvorhersehbar. Je mehr du dich mit Kognition und Emotionen beschäftigst, desto nachvollziehbarer werden für dich Entscheidungen, die du bisher mit Kopfschütteln quittiert hast. Aber dabei bleibt es nicht. In den späteren Kapiteln dieses Buches werden wir nicht nur unsere Wahrnehmung schulen, sondern auch Werkzeuge kennenlernen, die es dir ermöglichen, Irrationalität aktiv zu nutzen und Entscheidungen zu beeinflussen.

## Die meisten Menschen halten sich für rational

Viele Menschen glauben nicht, dass ihr Handeln von kognitiven Verzerrungen beeinflusst wird. Sie leiden an einer sehr hartnäckigen Illusion: Sie halten es für möglich, dass alle anderen Menschen irrational sind – nur nicht sie selbst. Und ich nehme mich da nicht aus. Der Organisationspsychologe Adam Grant nennt das den „I'm-Not-Biased-Bias".[1] Dieser Bias beschreibt das Gefühl, weniger von kognitiven Verzerrungen betroffen zu sein als der Durchschnitt der Bevölkerung. Kommt dir das bekannt vor? Vielleicht hast du schon mal gelesen, dass 80 % aller Autofahrer sich für überdurchschnittlich gute Autofahrer halten.[2] Na klar, Meister! Die meisten Menschen halten sich selbst auch für intrinsisch motivierter als die anderen. Und sogar Menschen, die hinter Gittern sitzen, halten sich für bessere und – Achtung (!) – liebevollere Menschen als der Durchschnitt der Bevölkerung.[3] All das sind Beispiele für den „Better-Than-Average-Effect" (BTAE). Und so ähnlich ist das auch mit der Rationalität: Alle anderen sind irrational, nur du siehst die Dinge, wie sie sind.

## Wir nehmen nur einen Bruchteil der Realität war

Es hilft, eine gewisse Bescheidenheit bezüglich der eigenen Rationalität zu entwickeln, wenn man sich bewusst macht, dass wir nicht einmal in der Lage sind, die Realität als solche zu erfassen.

Die Forscherin Lisa Feldman Barrett schreibt in ihrem Buch *How Emotions Are Made*, dass wir uns bewusst machen sollten, dass unser Gehirn keinen direkten Zugang zur Realität hat. Es befindet sich in einer „dunklen, stillen Kiste", die wir auf unseren Schultern tragen. Daher bleibt unserem Bewusstsein nichts anderes übrig, als unsere eigene Realität zu kreieren.[4] Alles, was wir wahrnehmen, ist eine Halluzination unseres Gehirns. Diese speist sich aus den limitierten Wahrnehmungen unserer Sinnesorgane.

Unsere Augen gehören zu unseren wichtigsten Sinnesorganen. Da wir allerdings 15- bis 20-mal pro Minute blinzeln, können wir nur 90 % aller Bildinformationen verarbeiten.[5] Das wäre ein Argument dafür, warum nicht jeder Schiedsrichter, der eine fragwürdige Entscheidung trifft, bestochen sein muss. Aber das ist noch nicht alles. Unsere Augen können nur einen winzigen Teil, schätzungsweise 0,0035 % des gesamten Lichtspektrums, sehen.[6] Oder anders ausgedrückt: Wäre die visuelle Welt da draußen ein Buch mit 200 Seiten, sähen wir davon gerade mal ein einziges Wort.

## Unsere Wahrnehmung fokussiert Veränderung

Von den schätzungsweise 11 Millionen Bits an Informationen, die wir pro Sekunde durch unsere Sinnesorgane aufnehmen, können wir nur ca. 40 Bits bewusst verarbeiten – das sind ca. 0,0004 %.[7] Wenn du nicht glaubst, wie lückenhaft deine Wahrnehmung ist, empfehle ich dir, nach „3 yellow dots optical illusion“ zu googeln und dir eines der Videos auf YouTube anzusehen. Oder scanne ganz einfach den QR-Code:

Hier siehst du drei stark leuchtend gelbe Punkte vor einem sich drehenden Hintergrund aus blauen Strichen. Wenn du dich einige Sekunden auf die Mitte des Bildes konzentrierst, scheinen die drei gelben unbeweglichen Punkte plötzlich zu verschwinden. Natürlich sind sie die ganze Zeit da, aber unser Gehirn interpretiert sie als Fehlinformation. Also löscht es die Bildinformationen aus unserem Bewusstsein – unwichtig, also weg damit.

Solche optischen Täuschungen veranschaulichen, wie limitiert und verzerrt unsere Wahrnehmung der Realität ist. Das ist in der Regel eine Stärke, da wir uns dadurch auf das „Wichtige“ konzentrieren können. Generell fällt es uns Menschen leichter, Veränderungen wahrzunehmen, als alles, was stillsteht. Es ist dir bestimmt schon aufgefallen, dass es leichter ist, eine braune Maus im Wald zu sehen als einen braunen Steinpilz zu finden – allerdings nur, wenn sich die Maus bewegt. Und falls sich der Pilz bewegt, hast du wohl schon die falschen Pilze gegessen.

Fakt ist: Alles, was sich bewegt oder verändert, lenkt unsere Aufmerksamkeit auf sich. Eine Veränderung kann immer eine Chance oder eine Gefahr sein. Auf jeden Fall ist sie erst einmal wichtig und sagt uns: „Achtung, da passiert etwas – schau hin!“

## Du hast zwei Arten, zu denken

Vielleicht hast du schon mal beobachtet, dass deine Denkprozesse sehr unterschiedlich ablaufen können. Wenn du beispielsweise, wie jeden Tag, mit dem Auto zur Arbeit fährst, machst du das intuitiv und mühelos, ebenso wenn du einen einfachen Text liest oder 3 × 3 ausrechnest. Wenn du jedoch zum ersten Mal am Steuer sitzt, einen komplizierten Fachtext liest oder 17 × 24 ausrechnen musst, ist dein Denkprozess mühevoll und langsam.

Der bekannte Psychologieprofessor und Nobelpreisträger Daniel Kahnemann nennt diese unterschiedlichen Arten zu denken, System 1 und System 2.[8] Ersteres beschreibt die schnelle Art, zu denken, Zweiteres die mühevolle Art, zu denken. Da dein Gehirn faul ist und mühevolle Arbeit genauso sehr mag wie deine Beine es mögen, Wochenendeinkäufe in die 5. Etage zu schleppen, versucht es so viel wie möglich, mit System 1, deinem Fahrstuhl, zu erledigen. Wenn du jedoch mit System 1 denkst, bist du stark von kognitiven Verzerrungen und Emotionen beeinflusst. System 2 lenkt deine Aufmerksamkeit auf die komplizierten mentalen Aktivitäten. Dazu gehören beispielsweise auch komplexe Rechenaufgaben. Wenn du mit System 2 denkst, hast du ein Gefühl von Kontrolle und Konzentration. System 1 ist unser Standardsystem. Wir verwenden es, bis es entweder überfordert ist oder wir uns aktiv für System 2 entscheiden, weil wir uns bewusst konzentrieren.

## Dein Handeln wird stark beeinflusst

Dein Umfeld beeinflusst, wie du dich in bestimmten Situationen verhältst. Die subtile Art von Beeinflussung, die uns tagtäglich betrifft, wird als Priming-Effekt bezeichnet. Menschen stimmen beispielsweise eher für eine Erhöhung des Bildungsetats, wenn sich die Wahlkabine in einem Schulgebäude befindet.[9] Menschen, die zuvor mit Geld geprimt wurden, zum Beispiel, wenn bei einem Experiment ein Bündel Monopoly-Geld auf dem Tisch liegt, werden egoistischer und sind weniger hilfsbereit:[10] Wenn die Versuchsleiterin eines solchen Experiments später scheinbar unabsichtlich einen Becher mit Stiften fallen ließ, halfen die Probanden, die zuvor mit Geld geprimt wurden, weniger engagiert mit, die Stifte vom Boden aufzuheben. Die unbewusste Beeinflussung wirkt sich anscheinend auf das Selbstbild und das hilfsbereite Handeln (weniger Stifte aufheben) der Menschen aus.

## Der Anchoring-Effekt beeinflusst dein Denken

Ich habe dieses kleine harmlose Spiel schon manchmal mit fremden Leuten in Cafés gespielt. Dabei fragst du eine Person, ob sie denkt, dass Mahatma Gandhi älter oder jünger war als 114 Jahre zum Zeitpunkt seines Todes. Und danach frägst du die Person ganz konkret: „Wie alt war Mahatma Gandhi zum Zeitpunkt seines Todes?“ Als Nächstes fragst du eine andere Person, ob Gandhi zum Zeitpunkt seines Todes älter oder jünger als 35 Jahre war. Danach fragst du wieder: „Wie alt war Mahatma Gandhi zum Zeitpunkt seines Todes?“ Die Ergebnisse sind interessant. Höchstwahrscheinlich wird dir die erste Person ein höheres Alter nennen als die zweite Person. Das ist Anchoring in Aktion: Wenn wir etwas gedanklich schätzen oder bewerten, machen wir das ausgehend von einem Anker.[11] Und natürlich erleben wir Anchoring jeden Tag im Supermarkt oder bei eigentlich allem, was einen Kaufpreis hat. Jeder Preis ist ein Anker.

Priming und Anchoring spielen auch für die Kreativität eine wichtige Rolle, wie du in Kapitel 2 sehen wirst. Es sind Tools, die nicht nur Gandhi älter oder jünger machen, sondern auch unsere Ideen nützlicher oder radikaler machen können.

## Du triffst Entscheidungen, bevor sie dir bewusst werden

Alle Theorie spricht gegen den freien Willen, alle Erfahrung dafür.

SAMUEL JOHNSON, ENGLISCHER LITERAT

Selbst das, was wir als freien Willen bezeichnen, scheint anders zu funktionieren, als die meisten glauben. Der Psychologieprofessor Daniel Wegner von der Harvard University kam aufgrund seiner Forschung zu der Schlussfolgerung, dass das Gefühl, einen bewussten Willen zu haben, eine Illusion unseres Gehirns sei. Ähnlich wie bei einem Zaubertrick, spielen sich bei Entscheidungen im Hintergrund ganz andere komplexere Vorgänge ab, die uns verborgen bleiben. Unser Gehirn hat die Entscheidung bereits getroffen, bevor wir sie bewusst wahrnehmen und scheinbar erst dann fällen.

Du hast wahrscheinlich die Selbstwahrnehmung, dass du dich steuerst, wie du beispielsweise Super Mario im gleichnamigen Videospiel lenkst. Du drückst auf dem Controller die Taste „B“ und zack – Super Mario springt nach oben. Ähnlich stellen wir uns die Kausalität unserer Handlungen vor. Stattdessen ist ein Gedanke, etwas zu tun, vergleichbar mit einem Blinker an einem Auto, schreibt Wegner.[12] Der Blinker kommt zuerst, bevor das Auto um die Kurve fährt. Aber wer würde deswegen behaupten, dass der Blinker das Auto steuert? Der Blinker hat mit der Steuerung des Autos nichts zu tun.

Die Illusion des freien Willens entsteht dadurch, dass wir vorher wissen, was wir tun werden. Der Bewusstseinsforscher John-Dylan Haynes konnte durch den Einsatz funktioneller Magnetresonanztomografie (fMRI) beweisen, dass es bis zu 10 Sekunden dauern kann, bis wir uns einer Entscheidung, die wir bereits getroffen haben, bewusst werden.[13] Heißt das, dass irgendetwas in deinem Unbewusstsein die Entscheidung trifft und du ab dann nur noch Zuschauer bist? Das nicht. Haynes konnte ebenfalls beweisen, dass es einen kurzen Moment gibt, bis zu dem wir Entscheidungen noch umstürzen können.[14] Er nennt diesen Zeitpunkt den „Point of no Return“, nach dem kein Veto mehr möglich ist. Dieser kurze Moment des Bewusstseins ermöglicht es dir, einzugreifen. Du weißt, dass Super Mario springen wird – aber du hast eine kurze Chance, den Sprung aufzuhalten oder umzulenken.

Menschen erhalten sich erfolgreich die Illusion, die Realität als solche wahrzunehmen und rational zu entscheiden. Du solltest dir jedoch bewusst machen, dass du die Realität niemals direkt erleben kannst. Das, was du als Realität empfindest, ist ein winziger Ausschnitt dessen, und dieser wird stark beeinflusst von einer Vielzahl unbewusster Effekte. Dies führt dazu, dass wir immer wieder Entscheidungen treffen, die nicht rational und daher oftmals nicht zu unserem Vorteil sind.

## Die Wechselstrategie

### Menschen wollen Sicherheit

Stellst du jemanden vor die Wahl zwischen einer 90%igen Chance, 1.000 Euro zu bekommen, oder einer 100%igen Chance, 900 Euro zu bekommen, werden sich die meisten Menschen für die 900 Euro entscheiden. Es liegt in der Natur der Menschen, Risiken – wenn immer möglich – komplett auszuschalten. Das ist der „Certainty Effect“.[15] Die Tatsache, dass Menschen Risiken nicht mögen, führt dazu, dass manche Risiken kleinreden und andere Risiken, wenn immer möglich, aus dem Weg gehen wollen. Beides ist ein Problem für Innovation.

## Kaum jemand wechselt

Angenommen, du machst bei einer Spielshow im Fernsehen mit. Manch einer kann sich vielleicht noch an die Spielshow *Geh aufs Ganze* mit Jörg Draeger erinnern. Sie folgte einem einfachen Prinzip: Es gibt drei Tore. Hinter zwei Toren befinden sich Nieten – die sogenannten Zonks –, hinter dem dritten Tor wartet der Hauptgewinn, zum Beispiel ein (nigelnagelneues) Auto oder eine Traumreise.

Die Kandidatin muss nun wählen und sich für ein Tor entscheiden. Sie hofft natürlich auf den Hauptpreis, weiß aber selbstverständlich nicht, was sich hinter welchem Tor verbirgt. Dann öffnet der Moderator das erste nicht gewählte Tor … Glück gehabt: einer der beiden Zonks (Zuerst öffnet er immer ein Tor mit einem Zonk, damit das Spiel spannend bleibt.). Somit bleiben nur noch der zweite Zonk und der Hauptgewinn übrig. Die Kandidatin hat nun nochmal die Chance, ihre Entscheidung zu überdenken und das Tor zu wechseln. Würdest du wechseln? Oder würdest du bei deiner ersten Wahl bleiben? Auch in der Verhaltenswissenschaft wurde dieses Dilemma immer wieder untersucht und diskutiert. Interessant ist, dass in dieser Situation kaum jemand wechseln möchte.[16]

## Deine Intuition kann dich täuschen

Warum wechseln so wenige?

Zum einen liegt es daran, dass die Kandidatin das Gefühl hat, dass ein Wechsel die Wahrscheinlichkeit, den Hauptgewinn zu ziehen, nicht verändern würde. Das ist allerdings eine Illusion (siehe Abbildung). Denn, wer wechselt, hat eine überraschenderweise Zwei-Drittel-Chance auf den Hauptgewinn, während die Person, die bei ihrem ursprünglichen Tor bleibt, nur eine Ein-Drittel-Chance auf den Hauptgewinn hat. Ja, auch ich war etwas baff, als ich das zum ersten Mal hörte. Aber die Wechselstrategie verdoppelt die Erfolgschance.

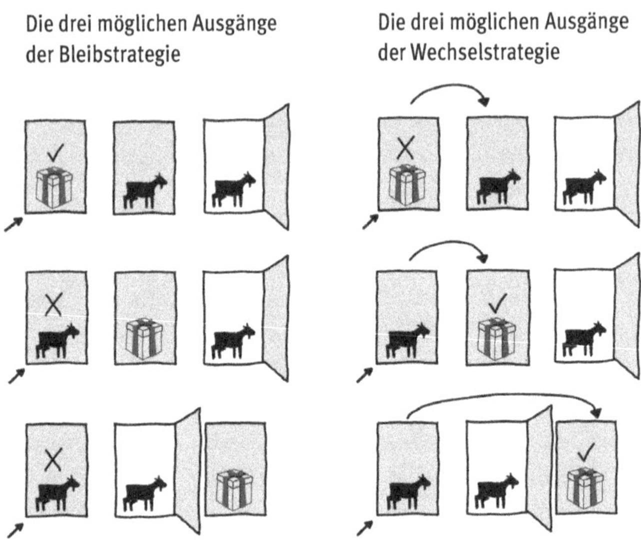


In den Verhaltenswissenschaften wird dieses Dilemma als Monty-Hall-Problem, nach dem Fernsehmoderator Monty Hall, der das US-amerikanische Original *Let's Make a Deal* moderierte, bezeichnet. Wenn du die Bleibstrategie verfolgst (Abbildung links), sind die möglichen Ergebnisse Preis, Zonk, Zonk. Wenn du hingegen die Wechselstrategie verfolgst (Abbildung rechts), sind die möglichen Ergebnisse Zonk, Preis, Preis.

Wenn du es jetzt noch immer nicht glaubst, dass das Wechseln die bessere Strategie ist, solltest du nach „Play-Monty-Hall-Problem" googeln oder diesen QR-Code scannen.

Dort findest du eine Website, auf der du das Dilemma ein paarmal online durchspielen kannst.[17] So erlebst du selbst den Unterschied.

## Der Status-quo-Bias

**Nichtstun liegt in der Macht aller Menschen.**

SAMUEL JOHNSON, ENGLISCHER LITERAT

Warum ist das Monty-Hall-Problem für Innovation relevant?

Es zeigt, dass eine einmal eingeschlagene Richtung einen großen Effekt auf dein zukünftiges Handeln hat – egal, um was es geht. Dabei spielt es anscheinend keine Rolle, wie zufällig deine einmal getroffene Entscheidung war.

Manche Menschen essen ihr Leben lang das gleiche Sandwich zu Mittag. Oder sie trinken immer das gleiche Bier, obwohl sie – wenn sie blind getestet werden – andere Biersorten bevorzugen. Sich umzuentscheiden, ist anstrengend und risikoreich. Dorfbewohner, die wegen einer Mine umgesiedelt wurden, bevorzugten die gleiche Anordnung der Straßen im neu gebauten Dorf, obwohl diese am neuen Ort wenig Sinn machte.[18] Menschen bleiben in der Regel beim Altbewährten. Das ist der „Status-quo-Bias".

Ein weiterer Aspekt, der zum Status-quo-Bias führt, ist das Phänomen, dass Menschen schlechte Ergebnisse mehr bedauern, wenn sie diese aktiv herbeigeführt haben, als wenn sie dafür nichts getan haben. Dieser Aspekt wird als „Omission-Bias" bezeichnet und spielt dem Status-quo-Bias zu.[19] Das heißt, dass du wahrscheinlich tagelang nicht ruhig schlafen könntest, wenn du das Tor wechselst und deswegen einen Zonk bekommst. „Warum habe ich nicht meiner Intuition vertraut, ich Idiot?", flüstert dann die zauberhafte Stimme, die dich die nächsten Nächte um den Schlaf bringen würde. Bleibst du hingegen bei deiner schlechten Wahl und verlierst dadurch, ist es eher ein „Hat wohl nicht sollen sein, na ja". Menschen bezeichnen unglückliches Handeln als Fehler und unglückliches Nichtstun als Pech.

Übrigens: Tauben haben anscheinend keinen Omission-Bias. In einer angepassten Version des Monty-Hall-Problems untersuchten der Forscher Walter Herbranson und die Forscherin Julia Schroeder, ob Tauben in der Lage sind, ihre Strategie (Futtersuche) anzupassen, um ihre Erfolgschance auf Vogelfutter zu optimieren.[20] Das nüchterne Ergebnis der Studie: Tatsächlich! Tauben lösen das Problem besser als Menschen. Sie verfolgten die Wechselstrategie und schlugen sich ihre grauen Bäuche voll.

## Der größte Fehler ist es, nicht zu handeln

Ein weiteres Problem ist, dass dein Umfeld mehr über ungeschicktes Handeln als über unglückliche Untätigkeit spottet. Mercedes-Benz (ehem. Daimler) hatte bereits früh 50 Millionen Dollar in den Elektroautohersteller Tesla investiert und hielt lange Zeit einen Anteil von 9,1 % daran. Im Jahr 2014 trennte sich der deutsche Autobauer von diesem Anteil und verkaufte ihn mit einer sehr guten Rendite für 780 Millionen Dollar. Eigentlich geil – wäre da nicht ein klitzekleines Problem: Heute wäre dieser Anteil viele Milliarden Dollar wert. Mercedes-Benz saß auf dem richtigen Tor und hat für ein „bisschen Kleingeld" das Tor nochmal gewechselt. Rückblickend natürlich dumm gelaufen. Dass Mercedes-Benz durch den Deal eigentlich Geld verdient hat und dass andere Automobilkonzerne nie in Tesla investiert hatten, wird dabei jedoch schnell vergessen. Es ist irrational, ein Unternehmen, das durch ein cleveres Investment mal schnell aus 50 Millionen über 700 Millionen Dollar gemacht hat, als dümmer darzustellen als ein anderes Unternehmen, das dieses Geld nie verdient hat. Aber genau das machen wir.

Der Status-quo-Bias ist ein wichtiger Grund, warum etablierte Unternehmen nicht innovativ sind und ihre Ressourcen ungeschickt einsetzen. Das Monty-Hall-Problem zeigt anschaulich, dass eine einmal eingeschlagene Richtung, egal, wie willkürlich, einen extremen Einfluss auf zukünftige Entscheidungen hat. Du solltest dir merken, dass Nichtstun der größere Fehler als das falsche Handeln sein kann.

## Wir sehen die Welt durch Frames

**Macht euch keine Sorgen um die Konkurrenz, denn die wird uns sowieso kein Geld schicken.**

JEFF BEZOS, GRÜNDER VON AMAZON, ZU SEINER BELEGSCHAFT

Warum empfindest du Wut, wenn du bei Mensch-ärgere-dich-nicht verlierst, oder Freude, wenn du gewinnst? Offensichtlich geht es um nichts, und du brauchst auch nicht besonders viel Können, um dieses Spiel zu spielen. Aber wenn du mitspielst, akzeptierst du den Frame des Spiels. Und da du den Frame akzeptierst, ärgert es dich, wenn eine deiner Figuren geworfen wird, und es freut dich, wenn deine Figuren als Erste ins Ziel kommen. Die Spielregeln definieren ganz klar, was gewinnen und was verlieren heißt. Sie sagen auch, was erlaubt ist und was nicht. Die Regeln geben Würfel, Spielfeld und Figur eine Bedeutung. Aber nicht nur Spielregeln definieren Frames. Ebenso definieren Menschen Frames – ständig und überall. Die Stimme in deinem Kopf? Auch sie ist von Frames beeinflusst. Aber was bedeutet Framing?

Professor Robert Entman erklärt Framing so: „Framing beinhaltet im Wesentlichen Auswahl und Hervorhebung. Framing bedeutet, einige Aspekte einer wahrgenommenen Realität auszuwählen und sie in einem Kommunikationstext hervorzuheben, um eine bestimmte Problemdefinition, kausale Interpretation, moralische Bewertung und/oder Behandlungsempfehlung für den beschriebenen Gegenstand zu fördern."[21] Oder anders formuliert: Der Frame bestimmt, welchen Teil der Realität du wahrnimmst und wie du sie interpretierst.

## Wer den Frame kontrolliert, hat die Macht

Framing ist extrem mächtig und kann Entscheidungen stark beeinflussen.[22] Wenn du mehr über Framing lernst, wirst du die Welt mit neuen Augen sehen.

Framing bezeichnet die aktive Gestaltung eines Frames. Frames definieren, welchen Teil der Realität wir wahrnehmen und welchen wir ausblenden. Ähnlich wie ein Bühnenlicht, das bestimmt, ob eine Szene am Tag oder in der Nacht spielt, ob sie bunt oder grau ist. Aber genau wie das Licht auf einer Bühne, so lassen sich auch Frames verändern. Das ist Reframing. Reframing ist der beabsichtigte Wechsel von Tag zu Nacht oder von Winter zu Sommer. Frames geben einer Situation Bedeutung. Reframing beschreibt die Veränderung der Bedeutung. Wenn du in der Lage bist, eine Situation zu reframen, erlangst du die Macht über die Situation. Wenn jemand deinen Frame kontrolliert, hat diese Person Macht über dich. Sie bestimmt, was du siehst und was du nicht siehst. Auch negative Gedanken können deinen Frame diktieren und dadurch Macht über dich haben.

## Muhammad Alis Bodyguard

Als der weltbekannte Boxer Muhammad Ali einmal gefragt wurde, ob er einen Bodyguard hat, zählte er zuerst leise bis acht, lachte und antwortete dann ruhig: „Ich habe einen Bodyguard. Er hat keine Augen, obwohl er sieht. Er hat keine Ohren, obwohl er hört. Er erinnert sich an alles mithilfe des mächtigen Gedächtnisses. Wenn er etwas erschaffen will, befiehlt er es einfach, dass es sein soll, und es entsteht. Aber sein Befehl wird nicht mit Worten gegeben, die die Zunge brauchen, um ihm zu folgen, oder die Ohren, die den Klang tragen. Er hört die Geheimnisse derer, die unter stillen Gedanken stehen. Wer ist das? Es ist Gott, Allah. Er ist mein Bodyguard. Er ist dein Bodyguard."[23]

Charismatische Menschen wie der zum Islam konvertierte Boxer Muhammad Ali sind oftmals Meister im Reframen von Situationen. Sprache ist immer unpräzise und mehrdeutig. Der Interviewer war offensichtlich hinsichtlich der Sicherheit von Muhammad Ali besorgt, da dieser eine polarisierende, politisch aktive Figur war. Das heißt, durch den Kontext der Situation war der Frame eigentlich klar definiert. Ali hingegen missverstand ihn absichtlich, um dem Wort „Bodyguard" eine komplett andere Bedeutung zu geben. Er nutzte Reinterpretation, um über ein Thema sprechen zu können, das ihm am Herzen lag, nämlich Gott.

In einem anderen Fernsehinterview stellte man Muhammad Ali die folgende Frage: „Was ist der zentrale Teil Ihres Trainings? Ist es das Laufen oder ist es das Sparring?" Ali machte ebenfalls eine kurze Pause, dachte nach und antwortete dann: „Der zentrale Teil? Das ist das Ausweichen vor den Nachtklubs, den Partys und den Frauen." Die Zuschauer im Studio brachen in schallendes Gelächter aus.[24] Wieder hatte Ali die Frage bewusst nicht so beantwortet, wie sie gemeint war. Er framte die Frage so um, dass er die Antwort geben konnte, die er geben wollte. Denn schließlich ist Partys und Frauen auszuweichen, nicht nur eine interessantere und überraschendere Antwort. Sie ist auch die ehrlichere Antwort auf die Frage, was einen mittelmäßigen Boxer von einem echten Champion unterscheidet. Und Ali war nicht nur ein Champion im Boxen, er war auch ein Champion im Reframen.

## Framing definiert den Referenzpunkt

Es gibt nicht viele Dinge, die Menschen mehr hassen, als zu verlieren. Wenn es irgendwie möglich ist, einen Verlust zu verhindern, machen wir das. Verlust und Gewinn sind allerdings keine realen Dinge, sondern immer abhängig von einem Referenzpunkt.

Angenommen, du beobachtest einen Flug, der gestern noch 250 Euro gekostet hat. Wenn der Flugpreis heute auf 270 Euro gestiegen ist, kommt es dir wie ein Verlust vor. Nun ändern wir das Szenario: Du hast den Flugpreis nie beobachtet. Allerdings bist du vor ein paar Monaten die gleiche Strecke für 300 Euro geflogen. Jetzt erscheint dir der Preis von 270 Euro günstig. Der Verlust wandelt sich in einen Gewinn. Der Referenzpunkt hat sich geändert. Man könnte auch sagen, wir haben die Situation reframt.

Vergangenheitsdaten, Vergleiche, Ziele … – all das kann den Referenzpunkt beeinflussen. Durch Framing kannst du steuern, was als Referenzpunkt wahrgenommen wird.

## Menschen hassen es, zu verlieren

Hinzu kommt, dass Menschen Verluste nicht gleich stark hassen, wie sie Gewinne gleicher Größenordnung lieben. Nein, wir empfinden Verluste ungefähr doppelt so intensiv wie gleichgroße Gewinne. Diese Beobachtung konnte in Dutzenden von Studien belegt werden.[25] Menschen sind beispielsweise bereit, deutlich größere Risiken einzugehen, um Verluste zu verhindern, als um Gewinne gleicher Größenordnung zu erzielen.

Im Rahmen des Certainty Effects hatte ich bereits erwähnt und behauptet, dass die meisten Menschen es bevorzugen würden, 900 Dollar sicher zu bekommen gegenüber einer 90 %igen Chance auf 1.000 Dollar. Das stimmt auch. Wenn es jedoch um Verluste geht, werden die meisten Menschen plötzlich verrückte Zocker. Menschen hassen es einfach, zu verlieren. Die wenigsten

Menschen bevorzugen den sicheren Verlust von 900 Dollar gegenüber der 90%igen Chance, 1.000 Dollar zu verlieren (und einer 10%igen Chance, nichts zu verlieren). Das bedeutet, dass Menschen dann risikoavers sind, wenn etwas als Gewinn geframt ist, aber risikofreudig, wenn etwas als potenzieller Verlust geframt ist, den es zu verhindern gilt.[26] Etwas als Gewinn oder Vorteil zu framen, wird positives Gewinn-Framing (Englisch: gain framing) genannt. Etwas als Verlust oder Nachteil darzustellen, ist negatives Verlust-Framing (Englisch: loss framing).

## Reframing bedeutet, die Perspektive zu wechseln

Je nachdem, wie Dinge geframt sind, entscheiden Menschen anders. Experimente aus den Verhaltenswissenschaften untersuchen die Frage, inwieweit positives oder negatives Framing das Handeln von Menschen beeinflusst, beispielsweise bei Kaufentscheidungen. Es wurde untersucht, ob Menschen einen Joghurt als gesünder einschätzen, auf dem „95% fettfrei" steht, oder einen Joghurt mit dem Etikett „5% Fett".[27] Wir wissen alle, dass es mathematisch das Gleiche ist, doch das Framing ist unterschiedlich und es beeinflusst unbewusst unser Verhalten. Fett wird bei einem Joghurt als negativ bzw. nachteilig interpretiert, während fettfrei als positiv bzw. von Vorteil wahrgenommen wird. Wenn wir also mehr Joghurt verkaufen wollen, müssen wir das Negative „5% Fett" in das Positive, „95% fettfrei" umformulieren. Denn tatsächlich greifen mehr Menschen zum ansonsten gleichen Joghurt, wenn dieser positiv (95% fettfrei) geframt ist.

Das Gleiche spielt sich bei der Kommunikation mit dir selbst ab. Jede Situation wird von dir durch einen Frame betrachtet. Wenn du deinen Frame änderst, erkennst du eine neue Bedeutung in der Situation. Der Klassiker ist das Framen einer Bedrohung als Herausforderung. Wenn etwa schwarze Studierende vor einem Test an ihre Hautfarbe erinnert werden, schneiden sie bei Mathetests aufgrund des Stereotypen-Effekts (Englisch: stereotype threat effects) schlechter ab, als wenn sie nicht daran erinnert werden.[28] In einem anderen Experiment konnte jedoch gezeigt werden, dass sich der negative Stereotypen-Effekt aufhob, sobald sie den Test als Herausforderung framten – mit dem Fokus auf das Lernen.[29]

## Der Frame definiert, was wichtig ist

Es war der 9. Januar 2007. Der damalige Apple-CEO Steve Jobs stand auf der Bühne der Macworld und verkündete, dass heute ein besonderer Tag sei. Das, was gleich präsentiert werden würde, wären an der Zahl drei Innovationen, die das Kaliber des ersten Macintosh Computers hätten. Jobs verkündete, dass man einen neuen Touch-Screen-iPod, ein revolutionäres Mobiltelefon und einen bahnbrechenden Internet-Kommunikator vorstellen werde. Dann überraschte er alle, indem er klarstellte, dass es nur ein einziges Gerät sei – das aber all diese Dinge miteinander verbinde. Es war das erste iPhone.[30]

Sprache ist mehrdeutig. Ob nun eine einzelne Sache besser ist oder ob drei Dinge besser sind, hängt allein von der Perspektive ab. Steve Jobs wechselte in seiner Präsentation die Perspektive mehrfach auf eine virtuose Art und Weise. Das Publikum hing nur noch an seinen Lippen und beklatschte jede Drehung und Wendung. Am Ende des Tages war klar, dass man die Zukunft gesehen hatte. Jobs nutzte die gewonnene Aufmerksamkeit, um das Spielfeld zu definieren.

Framing bedeutet Auswahl und Hervorhebung. Und Jobs tat genau das. Er machte die Multi-Touch-Funktion des iPhones zum neuen Spielfeld. Smartphones mit einer Plastiktastatur wie des Marktführers Blackberry oder das Nokia N95 aus dem Jahr 2007 waren so mit einem Schlag aus dem Rennen. Zum Vergleich: Das Nokia N95 hatte eine für damalige Verhältnisse beachtliche 5-Megapixel-Kamera, das iPhone der ersten Generation hingegen nur eine mittelmäßige 2-Megapixel-Kamera. Aber das alles spielte keine Rolle. Steve Jobs definierte den Frame und der Rest der Industrie akzeptierte ihn.

## Es liegt an dir, Frames zu akzeptieren oder zu gestalten

Frames lassen sich verändern. Durch Framing und Reframing kannst du die Auswahl dessen, was Menschen wahrnehmen, beeinflussen. Du kannst den Referenzpunkt ändern. Du kannst Probleme reframen, um dadurch den Spielraum für völlig neue Lösungen zu erweitern. Dies ist eine Technik, die wir uns im nächsten Kapitel, in dem es um unsere Verbesserung der Kreativität geht, genauer anschauen werden.

### DIE WICHTIGSTEN ERKENNTNISSE DIESES KAPITELS

1. Du nimmst nur einen kleinen Teil der Realität war.
2. Diese beschränkte Auswahl an Daten nutzt dein Gehirn, um daraus eine halluzinierte Welt zu erschaffen.
3. Das, was von den Millionen an Daten ausgewählt und hervorgehoben wird, hängt stark vom jeweiligen Frame der Situation ab.
4. Menschen tendieren in der Regel zum Status quo, da eine Veränderung mit Risiko und Bereuen in Verbindung gebracht wird.
5. Jede Art von Kommunikation kommt mit einem Frame.
6. Framing ist Auswahl und Hervorhebung. Es definiert den Referenzpunkt und was als Gewinn oder Verlust wahrgenommen wird.
7. Reframing bedeutet, die Perspektive zu verändern und damit unter anderem Referenzpunkte und die Bedeutung von Gewinn/Verlust zu beeinflussen.

KAPITEL 2

# WEGE ZU MEHR KREATIVITÄT

Kreativität ist eine Mentalität. Es ist die Denkweise, die es dir ermöglicht, Dinge aus verschiedenen Perspektiven zu betrachten. Es ist die Fähigkeit, zu hinterfragen und geniale Ideen zu entwickeln.

Der Kreativitätsforscher Sir Ken Robinson definierte Kreativität als den „Prozess, originelle Ideen zu haben, die einen Wert haben".[31] Denn grundsätzlich ist Kreativität in der Regel ein Prozess aus Versuch und Irrtum und kreative Ideen müssen zwei Bedingungen erfüllen:

1. Sie müssen originell sein.
2. Sie müssen nützlich sein.[32]

Kreativität zu erlernen, unterscheidet sich nicht zu sehr davon, mit einer neuen Sportart zu beginnen. Dazu müssen wir zuerst die Techniken kennenlernen und sie dann regelmäßig anwenden, um sie zu trainieren.

Dieses Kapitel stellt dir unterschiedliche Wege zu mehr Kreativität vor. Du wirst lernen, wie du Probleme veränderst, sodass sich neue Lösungsmöglichkeiten auftun. Du wirst lernen, wie du Probleme tiefer analysierst und dadurch radikaler lösen kannst. Und du wirst lernen, wie du dein Team befähigst, originellere Ideen zu entwickeln, um mehr Kreativität in deine Unternehmenskultur zu integrieren. Denn leider hat Kreativität in vielen Unternehmen nach wie vor nicht den Stellenwert, den sie haben sollte, um das schlummernde unternehmerische Potenzial – die Kreativität der Mitarbeitenden – zu nutzen.

## Wie Unternehmen ihr kreatives Potenzial verspielen

### Die falschen Leute

In den 1960er-Jahren machte der US-amerikanische Psychologie George Land ein interessantes Experiment. Er untersuchte die Kreativität von Kindern mit einem Alternative Use Test (AUT). Diese Art von Tests wurden bei NASA-Ingenieuren eingesetzt, um herauszufinden, welche von ihnen besonders kreativ sind. Eine typische Aufgabe dabei ist es etwa, möglichst viele und originelle Anwendungen aus einer Büroklammer zu entwickeln. Land machte den Test bei 1.600 fünfjährigen Kindern und fand heraus, dass 98 % die Maximalpunktzahl erreichten. Fast alle Kinder wurden nach NASA-Standard als „kreative Genies" eingestuft. Dann wiederholte er den Test alle fünf Jahre: Nur noch 30 % der Zehnjährigen und 12 % der 15-Jährigen erzielten die Höchstpunktzahl. Dabei handelte es sich immer um dieselben Kinder – allerdings nach zehn Jahren Erziehung und Schulbildung. Von den Erwachsenen erzielten übrigens nur 2 % die Höchstpunktzahl.[33] Dabei ist zu berücksichtigen, dass der Test nur den divergenten Teil von Kreativität maß, also möglichst viele Ideen zu entwickeln. Der konvergente Teil von Kreativität – die besten Lösungen auszuwählen – wurde dabei nicht getestet. Daher ist es sicherlich nicht folgerichtig, deine Innovationsabteilung mit Vorschulkindern zu besetzen.

Jedoch zeigen die Ergebnisse dieses Experiments, dass uns scheinbar eine wichtige Fähigkeit auf dem Weg zum Erwachsenwerden verloren geht. Egal, ob in der Schule oder von unseren Eltern, uns wird in erster Linie beigebracht, uns zu fokussieren und Dinge zu erledigen statt weiterzuspinnen. Das Phänomen, dass wir zwar Kreativität mögen, aber die Kreativen hassen, wird als Getzels-Jackson-Effekt bezeichnet.[34] Kreativität ist immer das Brechen von Regeln. Kinder, die gerne Regeln brechen, erfreuen weder ihre Eltern mit diesem Verhalten noch sind sie bei Lehrpersonen sehr beliebt. Kreativität kostet Zeit und führt zu Verzettelung. Menschen, die in Großkonzernen Karriere machen, sind selten die kreativsten Gesellen. Bis auf einige Gründer-CEOs sitzt kaum jemand im Sattel, weil er oder sie besonders kreativ ist. Wichtiger sind meist harte Arbeit, geschicktes Taktieren, Intelligenz, etwas Ellbogen und oftmals auch Alter bzw. Erfahrung. Kreativität ist bei wenigen Organisationen ein Kriterium für den Weg nach oben.

## Zu viele Projekte

Elon Musk ist Chef von Tesla, SpaceX, sitzt gleichzeitig in der Geschäftsleitung bei Twitter und ist nebenbei der Mitgründer weiterer Unternehmen wie der Boring Company und Neuralink. Dabei baut Tesla nicht nur neue Elektroautos, sondern plant daneben die Großproduktion von Robotern. Und SpaceX verfolgt nicht nur zahlreiche Kundenprojekte, zum Beispiel Flüge zur ISS oder das langfristige Ziel, den Mars zu kolonisieren, sondern auch das ambitionierteste Satellitenprojekt des uns bekannten Weltraums (Starlink) zu realisieren. Um es kurz zu machen: Dass eine einzige Person das alles gleichzeitig managet, ist ziemlich unmenschlich, und Memes, dass Elon Musk in Wahrheit ein Marsianer ist, der nach Hause will, sind durchaus nachvollziehbar.

Für einen „Normalsterblichen" sind zu viele Projekte gleichzeitig nämlich meist ein Problem. Wenn ich mit Innovationsmanagern spreche, haben diese oft fünf Projekte gleichzeitig zu managen. Wenn du so viele Dinge gleichzeitig vorantreiben sollst, besteht immer die Gefahr, zu sehr an der Oberfläche zu bleiben und sich mit einfachen Lösungen zufriedenzugeben – einfach, weil kaum jemand in der Lage ist, sich mit all diesen Problemen gleichzeitig zu beschäftigen.

## Produktivität um jeden Preis

Der Zeigarnik-Effekt besagt, dass wir unerledigte Dinge besser im Kopf behalten als erledigte.[35] Du kannst dich wahrscheinlich besser erinnern, was du heute für deinen Kühlschrank einkaufen musst, als was du gestern bereits eingekauft hast. Das Unbewusste erinnert uns immer wieder daran, bis wir etwas erledigt haben. Wenn wir Dutzende offene Aufgaben im Kopf haben, verursacht das jedoch Stress.

Produktivitätsguru David Allen, Autor von *Getting Things Done*, rät daher, Sachen, die weniger als zwei Minuten in Anspruch nehmen, gleich zu erledigen, oder bei längeren Aufgaben die „Next Action" aufzuschreiben, um den Kopf freizubekommen.[36] Die Forschung hat inzwischen bewiesen, dass es ausreicht, einen Plan zu machen, um die Aufgabe aus dem Unbewusstsein zu löschen.

Organisationspsychologie Adam Grant hat jedoch eine interessante These, die die Prokrastination in ein neues Licht stellt: „Prokrastination mag der Feind der Produktivität sein, aber sie kann auch eine Ressource für Kreativität sein."[37] Je länger wir Aufgaben im Unbewussten verarbeiten, desto origineller sind die Lösungen. Er nennt das beabsichtigte Aufschieben kreativer Aufgaben „strategische Prokrastination".

Das sind doch mal gute Neuigkeiten für alle Prokrastinierenden. Aber wessen Ratschlag sollst du nun befolgen? Beide! Denn es ist kein Entweder-Oder.

Produktivitätsregeln sind sehr wichtig, um Dinge erledigt zu bekommen und Stress zu reduzieren. Wir müssen aber im Hinterkopf behalten, dass kreative Lösungen und Innovationsprojekte der umgekehrten Logik folgen. Je länger dein Unbewusstsein sich damit beschäftigt, desto wahrscheinlicher ist eine kreative Lösung. Operative Themen solltest du daher entweder sofort erledigen, delegieren oder terminieren. Innovationsthemen jedoch, die Kreativität verlangen, dürfen ruhig etwas länger in deinem Unbewusstsein schmoren.

## Kreativität wird delegiert

Ich habe schon einige CEOs kennengelernt, die die Meinung vertraten: „Es reicht doch aus, wenn meine Mitarbeiter kreativ sind." Das klingt im ersten Moment ganz vernünftig. Schließlich hat ein Unternehmen ein viel größeres kreatives Potenzial, wenn sich möglichst viele Mitarbeitende mit Innovation beschäftigen, als wenn nur die Geschäftsleitung innovativ denkt. Doch diese Einstellung hat zwei Haken: Zum einen hat eine Geschäftsleitung, die sich ausschließlich mit dem Tagesgeschäft beschäftigt, wenig Gespür für neue Technologien und neue disruptive Geschäftsmodelle. Zum anderen spielt das eigene Mindset eine wichtige Rolle: mal haben wir das Manager-Mindset, mal das Kreativ-Mindset. Im Manager-Mindset neigen wir dazu, Risiken zu vermeiden und sind weniger dafür empfänglich, die Genialität neuer Ideen zu erkennen.

Der Forscher Justin Berg empfiehlt, dass Entscheider besser eigene Ideen entwickeln sollten, bevor sie die Ideen anderer bewerten.[38] Bei einem Experiment hatten die Entscheider, die das taten, eine deutlich höhere Trefferquote, neue und brauchbare Ideen zu identifizieren, als die Entscheider, die zuvor eine Liste mit Entscheidungskriterien erarbeiteten und dadurch ihren Manager-Mindset festigten.

Deshalb benötigen Unternehmen, die im Kern innovativ sind, Entscheider, die selbst kreativ sind und Innovation nicht einfach delegieren.

## Werde jeden Tag kreativer

> **Wenn der Kern der Kreativität darin besteht, unterschiedliche Fakten und Ideen miteinander zu verbinden, dann wirst du umso besser auf neue Ideen kommen, je leichter du Assoziationen herstellen kannst und je mehr Fakten und Ideen dir zur Verfügung stehen.**
>
> AUS DEM BUCH *MOONWALKING WITH EINSTEIN* VON JOSHUA FOER

Was haben SpaceX-Gründer Elon Musk und Microsoft-Gründer Bill Gates gemeinsam? Beide haben ein gut gefülltes Bankkonto. Beide sind Studienabbrecher. Und beiden fehlt es wahrscheinlich nicht an Feinden. Jedoch ist mir eine weitere Übereinstimmung aufgefallen: Beide behaupten, als Kind ein ganzes Lexikon durchgelesen zu haben. Elon Musk hat angeblich sogar zwei von A bis Z gewälzt.[39] Während ich als Zehnjähriger in meinem Kinderzimmer mit einem Mini-Basketball Slam Dunk Contests veranstaltete, lernte er alles von Aak, einem alten koreanischen Musikstil, bis zu Żywiec, dem beliebten polnischen Bier.

Leider hat breites Wissen heutzutage keinen hohen Stellenwert, für Kreativität scheint es jedoch sehr wichtig zu sein. Musk hat einmal in einem Reddit-„Ask Me Anything“ gesagt: „Es ist wichtig, Wissen als eine Art semantischen Baum zu betrachten – stell sicher, dass du die grundlegenden Prinzipien, das heißt den Stamm und die großen Äste, verstehst, bevor du dich mit den Blättern/Details beschäftigst, sonst gibt es nichts, woran es sich festhalten kann.“[40] Je breiter dein Wissen ist, desto besser kannst du dir neue Sachen merken. Es wird ein selbst verstärkender Effekt. Und je mehr du weißt, desto breiter ist dein Lösungsspielraum.

## Inspiration kann von überall herkommen

Die kreativsten Menschen sind die, die sich für vieles interessieren und sich dennoch – so seltsam es auch klingt – gerne mal verzetteln. Bestes Beispiel ist Charles Darwin.[41] Er folgte seinen Interessen an der Jagd, dem Wandern, dem Reisen, an der Paläontologie, der Geologie, der Geografie, der Zoologie, an der Botanik, der Landwirtschaft, an der Zucht und der Ökonomie. All dieses Wissen fügte sich in seinen Gedanken zusammen und führte dazu, dass er das integrative Konzept der Evolution durch natürliche Auslese entwickelte. Und Darwin ist kein Einzelfall.

## Folge deinen Leidenschaften

Der Abenteurer und Filmemacher James Cameron ist zweifelsohne einer der kommerziell erfolgreichsten Regisseure *(Terminator, Titanic, Avatar)*. Cameron, ebenfalls ein Meister im Verzetteln, hatte sich schon als Kind für Natur und Technik interessiert, ging oft im Wald spazieren, sammelte Insekten und andere Tiere, nicht viel anders als der junge Charles Darwin. Doch ihm hatten es vor allem die Meerestiefen angetan. In den 1980er-Jahren, beim Dreh des U-Boot-Abenteuers *The Abyss* (Camerons einziger kommerzieller Flop), lernte er Dr. Robert Ballard, den Entdecker des Wracks der Titanic, kennen. Seit dieser Begegnung hatte sich Cameron eine Sache in den Kopf gesetzt: Er wollte selbst zum Wrack der Titanic tauchen. Doch wie konnte er so ein Abenteuer finanzieren? Cameron war kreativ. Er entwickelte die Idee, einen Film über das Schiffsunglück zu drehen. Er pitchte die Idee zusammen mit der Bedingung, man müsse auch mit U-Booten zum Wrack der Titanic tauchen, um echte Filmaufnahmen verwenden zu können, an das Filmstudio 20th Century Fox. Und er war erfolgreich. Insgesamt finanzierte das Filmstudio zwölf Tauchfahrten. Der Film *Titanic* – eigentlich nur eine clevere Finanzierungsidee, damit Cameron seinen Traum erfüllen konnte – avancierte schließlich zum bis dahin kommerziell erfolgreichsten Film aller Zeiten.

Aber nicht alle der Tauchfahrten wurden mit großen U-Booten unternommen. Unter anderem wurde bei den zwölf Fahrten ein kleineres, eigens gebautes Drohnen-U-Boot eingesetzt. Dieses steuerte Cameron selbst durch die dunklen Gänge des Schiffswracks. Während Cameron mit dem Drohnen-U-Boot durch das Wrack tauchte, machte er eine interessante Erfahrung. Er hatte das Gefühl, selbst in der Titanic zu sein, obwohl er sich in Wahrheit 4.000 Meter weiter oberhalb befand. Dieses Gefühl von Telepresence inspirierte ihn für seinen nächsten Mega-Blockbuster *Avatar*, der schlussendlich sogar die Besucherrekorde von *Titanic* in den Schatten stellen sollte.[42]

Solche Ideen entstehen nicht durch Brainstorming. Sie entstehen durch die unvorhersehbare Kombination verschiedenster Leidenschaften, Interessen und Erkenntnisse.

## Beharrlichkeit und Ausdauer sind wichtig für Kreativität

Der US-amerikanische Radiomoderator Earl Nightingale veröffentlichte 1957 eines der ersten Programme zur Persönlichkeitsentwicklung mit dem Titel *The Strangest Secret*. In diesem Audioprogramm erwähnt er eine Methode, die er für jede Art von Problemlösung einsetzt, nämlich die sogenannte 20-Ideen-Methode.[43] Sie ist eine der besten und einfachsten Methoden, um kreativer im Alltag zu werden. Du hast irgendein Problem? Dann entwickle einfach 20 unterschiedliche Lösungsideen dafür. Wichtig ist, nicht aufzugeben, bevor du die 20 Ideen hast.

Die Forscher Brian J. Lucas und Loran F. Nordgren fanden in einer Studie heraus, dass Menschen dazu neigen, den Wert von Ausdauer für die kreative Leistung zu unterschätzen, was bedeutet, dass sie glauben, dass kreativer Erfolg mehr von angeborenem Talent als von Anstrengung und Ausdauer abhängt.[44] Die Teilnehmenden, die jedoch ermutigt wurden, bei einer kreativen Aufgabe beharrlich zu bleiben, erbrachten bessere Leistungen als diejenigen, die nicht dazu ermutigt wurden, was darauf hindeutet, dass Beharrlichkeit ein wichtiger Faktor für kreativen Erfolg ist.

Es lohnt sich also, bis zur Schmerzgrenze zu gehen. Und wenn du in einer Sackgasse steckst, kann dir auch Künstliche Intelligenz (AI-Tools) helfen, weitere Ideen zu entwickeln. Heutzutage bietet es sich zum Beispiel an, einfach *ChatGPT* zu fragen, 20 Ideen zu einem Thema zu „brainstormen". Diese AI-Tools bringen zwar selten die direkte Lösung, können aber Ideen generieren, an die man gar nicht gedacht hatte, und dadurch einen neuen Strom von Ideen auslösen.

## Stelle neue Fragen

> **Eine der schwierigsten Aufgaben ist es, herauszufinden, welche Fragen man stellen soll. Wenn du die Frage herausgefunden hast, ist die Antwort relativ einfach.**
>
> ELON MUSK, GRÜNDER VON SPACEX

1822 entwickelte der Mathematiker Charles Babbage die Differenzmaschine, die als mechanischer Vorgänger des Computers gilt. Zu dieser Zeit organisierte er wöchentlich sogenannte Salons, bei denen sich die Gelehrten Londons trafen. Bis zu 300 Gäste kamen jedes Mal. Er erschuf damit seine eigene wissenschaftliche Community. Auf einem dieser Salons traf er Lady Ada Lovelace, eine gescheite Mathematikstudentin, die ihm half, seine Maschine weiterzuentwickeln. Sie beschrieb deren Möglichkeiten und gilt heute als die erste Person, die programmierte.[45]

Universitäten versuchen, Austausch zu fördern, weil sie wissen, wie wichtig dieser für neue Fragen und große Erkenntnisse ist. Die Google-Gründer Sergey Brin und Larry Page, beide ehemalige Stanford-Doktoranden, verfolgten die Idee, die Google-Büros wie einen Uni-Campus aufzubauen, denn auch sie wussten: Wissenschaftlicher Diskurs ist die beste Art und Weise, um neue Fragestellungen zu entwickeln. Doch neben dem wissenschaftlichen Diskurs ist es nützlich, sich mit bestimmten Kategorien von Reframing-Techniken vertraut zu machen. Denn auch sie können dir helfen, systematisch neue Fragen zu generieren.

## Was würde Google tun?

Bei dieser oder einer ähnlichen Frage geht es darum, die Perspektive durch einen hypothetischen Identitätswechsel zu ändern. Wenn du zum Beispiel in einer sehr schwierigen Situation steckst, kannst du dich fragen: Was würde eine Person tun, die du für ihren Mut, ihre Intelligenz oder ihren Charakter bewunderst? Das funktioniert besonders gut, wenn du Biografien von Menschen liest, die völlig anders sind als du. Ein Identitätswechsel ist eine der einfachsten und effektivsten Methoden, seine Sichtweise zu verändern. Und er funktioniert auch bei Organisationen. Ich habe die Frage „Was würde Google tun?" oft in Workshops verwendet, um den Teilnehmenden zu helfen, aus ihrem eingeschränkten Denken herauszukommen. Oftmals sind dadurch fantastisch kreative Ideen entstanden. Zwar besteht die Gefahr darin, dass die Ideen schwer umsetzbar sind, da die notwendigen Fähigkeiten fehlen oder die Kultur nicht vorherrscht. Jedoch zeigt die Übung auch, wie viel kreativer wir sind, wenn wir nicht in den Restriktionen unserer Identität oder Firmenkultur denken.

## Denke in Analogien

Die Technik, eine Idee von einem Bereich auf einen anderen zu übertragen, nennt sich das Denken in Analogien. In meiner Tätigkeit beim BMI Lab haben wir diese Technik viele Jahre lang eingesetzt. Wir entwickelten 55 Geschäftsmodellmuster.[46] Jedes Geschäftsmodellmuster beschreibt eine Strategie, wie ein Geschäftsmodell funktioniert. Das Muster von Gilette-Rasierklingen nannten wir beispielsweise „Razor and Blade". Die Logik dahinter? Die Rasierer werden günstig, die dazu passenden und notwendigen Rasierklingen umso teurer verkauft. Dieses Muster wird jedoch nicht nur bei Rasierklingen angewendet. Wenn man etwas abstrahiert, wird die gleiche Logik erkennbar, egal, ob bei Nespresso-Kapseln oder Gilette-Rasierklingen.

Indem du das Muster auf neue Produkte überträgst, bei denen es bisher nicht zur Anwendung kam, kannst du innovative Ideen entwickeln. Du kannst dafür die Frage stellen: „Wie könnte etwa eine Waschmaschine mit dem ‚Razor and Blade'-Muster funktionieren?" Der Vorteil dieser Kreativitätstechnik: Du kannst damit blitzschnell auf originelle Ideen kommen. Ob die Lösung tatsächlich passt oder nur augenscheinlich Sinn macht, bleibt immer etwas Glückssache. Das „Razor and Blade"-Muster war beispielsweise bei Tintenstrahldruckern erfolgreich, bis Menschen anfingen, die Farbe in die Kartuschen zu spritzen. Der Versuch, das gleiche Muster auf Muttermilchersatz (Nestlé BabyNes) anzuwenden, scheiterte allerdings komplett. Dennoch lohnt es sich, in Analogien zu denken, um den Lösungsspielraum zu erweitern.

## Denke über die Dinge im Grenzbereich nach

Viele Dinge beeinflussen, was wir bewusst oder unbewusst für möglich halten. Dazu gehören zum Beispiel die zur Umsetzung verfügbare Zeit, das Budget oder – bei Produkten – die geplante jährliche Produktionsmenge. Elon Musk stellt daher oft die hypothetische Frage wie: „Was ist, wenn unser Volumen eine Millionen Einheiten pro Jahr beträgt?“[47] Für manche Menschen mag die Vorstellung albern klingen, beispielsweise eine Millionen Raketen im Jahr zu produzieren – für Musk ist genau das der ultimative Test.

Economies of Scale beschreibt das Phänomen, dass die Kosten pro Einheit mit steigender Produktionsmenge sinken. Wären die Kosten pro Einheit jedoch bei einer Produktionsmenge von einer Million noch immer sehr hoch, dann – so Musks Schlussfolgerung – ist irgendwas fundamental falsch mit dem Design. Daher solltest du dir die limitierenden Faktoren bewusst machen, sobald du vor einem Problem stehst, und diese wie auf einer Klaviatur hoch- und runterspielen. Stelle dir bei Problemen zum Beispiel Fragen wie: „Wie könnten wir das Problem lösen, wenn wir nur einen einzigen Tag Zeit zur Verfügung hätten?“ Oder: „Wie würden wir das Problem angehen, wenn wir 30 Jahre lang Zeit hätten, es zu lösen?“ Es gibt wenige Techniken, die besser die Perspektive verändern und den Lösungsspielraum verändern, als über die Dinge im Grenzbereich nachzudenken.

## Die Gesetzte der Innovation

Im Jahr 1936 veröffentlichte der Luftfahrtingenieur Theodore Paul Wright den interessanten Artikel *Faktoren, die die Kosten von Flugzeugen beeinflussen.*[48] Seine Erkenntnis: Je mehr Flugzeuge sein Unternehmen produzierte, desto mehr Prozessverbesserungen entdeckten die Ingenieure, und desto mehr lernten er und seine Kollegen. Durch die optimierten Prozesse konnten sie Flugzeuge immer billiger und schneller herstellen. Als Wright die Auswirkungen dieses Lernens auf die Kostenreduzierung quantifizierte, machte er eine überraschende Beobachtung: Sobald sich die Zahl der kumulierten, produzierten Flugzeuge verdoppelte, sanken die Kosten um einen konstanten Prozentsatz – jedes Mal. Im Fall der Flugzeugproduktion sanken die Kosten um 20 %.

Wrights Beobachtungen wurden als Wright's Law bekannt, das sich auf viele andere Industriezweige übertragen ließ, etwa auf den Automobilbau oder den Bau von Solaranlagen. Ähnlich wie das bekannte Moore's Law, das beschreibt, dass die Anzahl von Schaltkreisen je Chip konstant zunimmt, gilt Wright's Law als ungeschriebenes Gesetz. Auch die Kosten von Lithium-Ionen-Batterien, die beispielsweise Tesla für Elektroautos verwendet, sinken konstant bei jeder Verdopplung der kumulierten Produktionsmenge. Diese Gesetze können eine große Rolle spielen, wenn wir über die Dinge im Grenzbereich nachdenken.

## Verändere die Flughöhe

Manchmal passt die Flughöhe nicht, um ein Problem zu lösen, sie ist entweder noch zu niedrig oder doch zu hoch. Daher solltest du lernen, an ein Problem heran- und herauszuzoomen. Nehmen wir das Problem der $CO_2$-Emissionen, die durch Geschäftsreisen entstehen, als Beispiel. Du kannst heran- und herauszoomen, um das Problem umzuframen.

Beim Herauszoomen könntest du folgende Fragen stellen:

1. Müssen wir überhaupt fliegen/fahren?
2. Müssen wir uns überhaupt fortbewegen?
3. Müssen wir uns überhaupt treffen?
4. Müssen wir überhaupt kommunizieren?

Bei dieser Technik entfernst du dich immer weiter vom ursprünglichen Problem, um den Lösungsspielraum zu erweitern. Die mögliche Lösung hat dann vielleicht gar nichts mit einem Verkehrsmittel zu tun, sondern ist eine neue Art der Kommunikation, die eine Verbesserung gegenüber den bekannten Videokonferenz-Lösungen darstellt (z. B. im virtuellen Raum). Beim Herauszoomen steigen wir hoch und betrachten das Problem von der Metaebene.

Jedoch lässt sich die Flughöhe auch in die andere Richtung verändern, wir können sinken und an das Problem heranzoomen. Dabei wird versucht, die tieferliegenden Probleme und Ursachen zu ergründen. Diese Technik wird auch das First-Principle-Denken genannt, auf die ich im Folgenden näher eingehen werde.

## Gehe den Dingen auf den Grund

Viele Innovationen bleiben oberflächlich, weil niemand versucht, das Problem in der Tiefe zu verstehen. Doch beim First-Principle-Denken geht es genau darum. Wir verändern wieder die Flughöhe, aber diesmal gehen wir in den Sinkflug.

In dieser Art zu denken, wird ein Problem in seine Grundelemente zerlegt und dann neu zusammengesetzt. Du versuchst dabei, die tiefer liegenden Schichten des Problems zu verstehen, bis du auf „atomarer" Ebene ankommst. Ob du dein Ziel erreicht hast, erkennst du daran, dass dein Gehirn anfängt zu glühen, wie ein schmelzender Brennstab.

Beim Tesla Battery Day 2020 lieferte Elon Musk ein erstklassiges Beispiel für das First-Principle-Denken.[49] Musk beschrieb das Problem, dass die Kosten für Autobatterien zwar mit steigender Produktionsmenge à la Wright's Law sinken, jedoch nicht schnell genug. Demzufolge dauert der Wandel von Verbrennern zu Elektroautos viel zu lange und steht daher in Konflikt mit Teslas Mission: den Übergang zu nachhaltiger Energie weltweit zu beschleunigen.[50] Die Frage, die er und sein Team sich stellten, lautete: Wie können wir die Kostenkurve verändern, damit die Kosten radikal sinken? Oder anders formuliert: Wie können wir Wright's Law brechen?

Musk und seine Tesla-Kollegen zerlegten das Gesamtproblem in fünf Teilprobleme: Batteriedesign, Batterieherstellung, Anodenmaterialien, Kathodenmaterialien und die Integration der Batterie in das Fahrzeug. Dann veränderten und innovierten sie jeden einzelnen Aspekt, also das Design der Batterie, den Herstellungsprozess, die Rohmaterialien sowie die Art und Weise, wie Batterien in den Autos verbaut werden. Insgesamt könnten dadurch schätzungsweise 56 % der Kosten eingespart werden.

Das First-Principle-Denken benötigt einerseits ein sehr tiefgreifendes Problemverständnis, andererseits kreatives Denken auf den tieferen Ebenen, und ermöglicht dadurch sehr radikale, holistische Innovationen.

Wright's Law beschreibt inkrementelle Verbesserungen durch eine Ausweitung der Produktionsmenge. Wer also weitergehen will, muss vor allem tiefer gehen und radikal hinterfragen, wie die Dinge heute gemacht werden. Diese radikalen, holistischen Innovationen sind zwar sehr aufwendig in der Umsetzung, können aber dadurch auch nachhaltige Wettbewerbsvorteile erzielen.

## Perspektiven brainstormen

Originelle Fragen sind ungeheuer wichtig, um die Perspektive zu verändern. Jede neue Frage framt das Problem um. Die oben bereits vorgestellten Techniken wie die Flughöhe zu ändern (Heran- oder Herauszoomen), sich den Grenzbereich klarzumachen, Analogien zu nutzen oder einen Identitätswechsel vorzunehmen, können helfen, den Blickwinkel zu ändern.

Neben diesen Hilfsmitteln ist vor allem der eingangs erwähnte Diskurs sehr wichtig. Triff dich daher mit Menschen, die anders denken und andere Erfahrungen gemacht haben, und bekannt dafür sind, viele Fragen zu stellen. Eine einzige Diskussion kann ausreichen, um neue Fragen zu entwickeln. Menschen haben meist aus einem Impuls heraus neue Fragen, wenn sie ein Problem verstehen wollen.

Nachfolgend möchte ich dir eine Übung vorstellen, die es dir ermöglicht, die Kreativität einer Gruppe noch effektiver zu nutzen.

### Das Question Burst

Ein Question Burst ist eine Art Brainstorming, allerdings mit einem Twist: Statt Lösungsideen zu brainstormen, überlegt ihr euch neue Fragen.[51] Dafür suchst du dir am besten Menschen, denen du vertraust und die die verschiedensten Erfahrungen mitbringen. Ein Question Burst besteht aus drei Schritten:

1. Beschreibe das Problem in maximal zwei Minuten.
2. Versucht gemeinsam in vier Minuten, so viele neue Fragen wie möglich zu brainstormen. Die einzige Regel dabei ist, dass Fragen nur notiert, aber nicht beantwortet werden.
3. Durchsuche anschließend die neuen Fragen nach einer Frage, die das Problem umframt und dadurch einen neuen Lösungsspielraum eröffnet.

Hal Gregerson, der Erfinder des Question Burst, hat die Erfahrung gemacht, dass diese Übung in etwa 80 % der Fälle zu mindestens einer neuen Frage führt, die einen neuen Blickwinkel für die Lösung bietet.[52]

## Hilf auch anderen, kreativer zu werden

Kreativer zu werden, ist toll. Versteh mich nicht falsch: Die Fähigkeit, mehr Ideen zu entwickeln, kreativere Lösungen für Probleme zu finden und solche schneller zu lösen, ist extrem wertvoll. Aber heißt das auch, dass kreative Menschen besser aussehen, weniger schwitzen und in kleinere Parklücken einparken können? Dazu gibt es leider nicht genug Forschung. Aber überraschen würde es mich nicht. Entscheidend ist aber, dass nicht nur du kreativer wirst, sondern du auch andere dazu befähigen solltest, kreativer zu sein. Wenn du in einer innovativen Firma arbeiten möchtest, braucht es eine Kultur der Kreativität.

Ich weiß, es fühlt sich gut an, die beste Idee zu haben. „Schaut alle her. Das ist meine Idee. Toll, oder?" Doch das ist reines Egodenken und bringt uns rein gar nichts auf dem Weg, unser Unternehmen in eine glühende Innovationsschmiede zu verwandeln. Egal, ob du in der Geschäftsleitung oder im Innovationsbereich beschäftigt bist oder in einem anderen Rahmen mit Innovationsprojekten in Berührung kommst – du solltest alles daransetzen, dass sich deine Kollegen trauen, neue Fragen zu stellen und unausgereifte Ideen laut auszusprechen. Insbesondere als Führungskraft ist es deine Aufgabe, ein Umfeld zu schaffen, dass das kreative Potenzial deiner Mitarbeitenden entfacht. Und auch für externe Berater und Coaches, die Innovationsworkshops moderieren oder innovative Projekte unterstützen, gibt es viele Tools und Möglichkeiten, das kreative Umfeld positiv zu beeinflussen.

## Ein kreatives Umfeld ist wie ein Magnet

General Magic war ein Spin-off, das Ende der 1980er-Jahre von Apple ausgegliedert wurde, um ein ambitioniertes, futuristisch klingendes Ziel zu verfolgen. Das Unternehmen wollte bereits damals einen kleinen Computer mit Touchscreen entwickeln, der ähnliche Funktionen wie die heutigen Smartphones oder Tablets haben sollte. General Magic war seiner Zeit weit voraus – was bei Innovation oftmals nichts Gutes heißt – und scheiterte. Jedoch hatte es – für damalige Verhältnisse – eine der kreativsten Firmenkulturen: Es war etwa üblich, dass alle Mitarbeitenden, egal, welcher Unternehmensebene sie angehörten, auf dem Boden saßen und bis in die Nacht hinein Ideen brainstormten. Tony Fadell, der viele Jahre später bei Apple den iPod und das iPhone entwickeln sollte, war von der Firma wie magisch angezogen. Er war damals noch ein junger College-Absolvent, der in einer Umgebung arbeiten wollte, in der er ganz neue Sachen ausprobieren konnte. Deshalb rief er jeden Tag an und tat alles, um einen Job dort zu bekommen.

Neben der Anziehungskraft auf kreative Menschen hat ein kreatives Umfeld einen weiteren großen Vorteil: Es setzt das kreative Potenzial eines Menschen frei. Viele Menschen wären kreativ, wenn man sie kreativ sein lassen würde.

## Kreative Zustände

Ich stehe auf der Bühne, vor mir 30 Menschen, die ich vor ein paar Tagen noch nicht kannte. Es ist bereits später Nachmittag, und ich fange an, irgendwas über Bodybuilder zu rappen. Alles ist zu 100 % improvisiert. Auf einer Bühne unvorbereitet und spontan vor Menschen zu rappen, hätte ich normalerweise wahrscheinlich nicht für 10.000 Euro gemacht. Aber jetzt macht es Spaß. Der Rap ist natürlich schlecht. Jedes Mal, wenn sich durch Zufall doch etwas reimt („geh pumpen und lass dich nicht lumpen“ oder so ähnlich), schießen Endorphine durch meinen Körper. Dass der Rap schlecht ist, spielt keine Rolle, weil ich Spaß habe – und das Publikum sieht das. Am Morgen des gleichen Tages hatten wir unsere ersten Gesangsübungen gemacht, in einem Workshop der „Jeder kann singen“ hieß. „Als ob“, dachte ich mir. Nach dem Mittag hatten wir Gedichte improvisiert, so lange, bis es schwer wurde, noch „normal“ zu sprechen. Das Ganze war ein fünftägiges Impro-Theater-Seminar auf einer Burg in der Schweiz. Die meiste Zeit verbrachten wir vor allem mit Spielen, bei denen man lernt, sich zu freuen, wenn man einen Fehler macht. Es geht bei Impro in erster Linie darum, seine Filter zu reduzieren: „Ist die Idee gut genug?", „Passt das hier?", „Ich bin ein erwachsener Mann, was mach ich hier eigentlich?" – alles grundsätzlich gute Fragen, die aber die freie Assoziation verhindern. Aber mit dem richtigen Warm-up, den richtigen Übungen und vor allem viel Spaß kann fast jeder in einen kreativen Flow kommen. Dann entwickelst du das, was der IDEO-Gründer David Kelley „Kreativbewusstsein" nennt.

Meine Erfahrung ist, dass es unter Umständen mehr als eine Stunde dauern kann, bis Menschen ihre Filter fallen lassen. Die sogenannte Aufwärmübungen sind daher sehr wichtig und sollten ihren Raum bekommen. Wähle dafür die Übungen zur Auflockerung aus, die die kreativen Säfte fließen lassen und Fehler in etwas Positives verwandeln.

EXKURS

## MEINE TOP-3-AUFWÄRMÜBUNGEN

### 1. DER ASSOZIATIONSKREIS

Dabei handelt es sich um eine der einfachsten Übungen, um in einen kreativen Zustand zu kommen. Für die Warm-up-Übung stehen alle Teilnehmenden in einem Kreis. Eine Person beginnt, indem sie ein Wort zu ihrer Nachbarin sagt. Die zweite Person muss dann ein neues Wort assoziieren und es wiederum der nächsten Person weitergeben. So geht es reihum. Dabei ist es nicht wichtig, besonders originelle Assoziationen zu haben. Es gibt keine falsche Antwort. Das Ziel ist, den „Zensor im Kopf" auszuschalten. Man darf auch bereits genannte Begriffe wiederholen. Am besten funktioniert die Übung, wenn man bildlich assoziiert (das Wort „Feuer" könnte etwa Bilder von einem brennenden Haus, in dem eine Katze eingesperrt ist, erzeugen; demnach könnte das nächste Wort auf „Feuer“ zum Beispiel „Katze“ lauten). Wichtig ist, einen gemeinsamen, möglichst schnellen Rhythmus zu finden und einen Fluss von Begriffen entstehen zu lassen (sozusagen in den Flow zu kommen). Man kann auch einen Rhythmus mit den Fingern schnipsen, um das Tempo zu halten. Bedeutsam ist, wirklich auf das zuletzt gehörte Wort zu assoziieren und nicht auf ein Wort, das vor zwei oder drei Stationen genannt wurde. Wenn einem nichts einfällt, reißt die Person – scheinbar jubelnd – die Arme hoch und läuft eine Siegesrunde um den Kreis herum, bevor sie sich wieder einreiht.

## 2. DER BUZZER-BEATER

Diese Übung ist ein spielerischer Wettkampf zwischen zwei Kontrahenten, wie bei einer Spielshow. In die Mitte stellt man einen Tisch oder irgendetwas anderes auf, auf das die beiden Teilnehmenden wie auf einen Buzzer schlagen können. (Man kann auch Spielshow-Buzzer für ca. 20 Euro im Internet bestellen.) Die Aufgabe bei diesem Spiel ist, abwechselnd möglichst schnell viele Begriffe zu einer Kategorie zu assoziieren. Die Kategorien können konkrete Dinge sein, wie etwa „Fast Food“ (Burger, Pizza, Pommes, Döner etc.), oder auch abstrakte Themen, etwa „Gründe zu lachen“ (Witz hören, Scham, Lachgas inhalieren, Komödie schauen etc.). Eine dritte Person ist Spielshow-Host und Schiedsrichter in einem. Sie denkt sich die Themen aus, zählt langsam bis drei, wenn jemand lange überlegt, und entscheidet, ob der Begriff gültig ist. Als ungültig zählt ein doppelt genannter oder themenfremder Begriff (z. B. Mehl bei „Fast Food“ – obwohl man hier immer recht kulant sein sollte und ggf. das Publikum entscheiden lassen kann) und wenn zu lange überlegt wurde. Wenn eine Person einen Fehler macht, scheidet sie aus und jemand anderes fordert die Siegerin erneut heraus. Man spielt in der Regel so lange, bis alle im Raum mindestens einmal spielen konnten.

### 3. DIE DÜMMSTE IDEE DER WELT

Bei dieser spielerischen Aufwärmübung wurde den Teilnehmenden schon so manche geniale Idee entlockt. Was auch immer das Thema des Workshops ist, man gibt den Teilnehmenden die Aufgabe, die dümmste oder verrückteste Lösungsidee dafür zu entwickeln (das dümmste Produkt, das schlechteste Geschäftsmodell, den irrsinnigsten Prozess etc.). Zum Beispiel kann man starten, indem das Team erst einmal zehn dumme Ideen entwickeln und dann die dümmste davon auswählen und ausarbeiten soll. Zusätzlich gibt es noch die sogenannte Dark-Horse-Methode. Dabei besteht die Aufgabe darin, eine der verrücktesten Ideen so umzusetzen, dass sie doch noch Sinn ergibt und das Problem löst. So entstehen unter Umständen extrem kreative Ideen. Der Kern der Übung ist, alle Filter fallen zu lassen und zu erkennen, dass auch verrückt klingende Ideen Potenzial haben können.

## Nutze Priming für originellere Ideen

Ich kann beeinflussen, welche Idee du später entwickeln wirst – und das ganz ohne Zauberkräfte. Anders formuliert: Kreativität lässt sich lenken.

In meiner Zeit als Innovationsberater habe ich häufig beobachtet, dass die Inspirationsbeispiele, die ich in meinen Workshops zeigte, großen Einfluss auf die Art der Ideen hatten, die die Teilnehmenden später entwickelten. Der Grund dafür ist Priming.

Wir haben Priming bereits in Kapitel 1 kennengelernt. Vielleicht erinnerst du dich noch daran, dass ein Trigger, der an Geld erinnert (z. B. Monopoly-Geld), ausreichen kann, um Menschen motivierter, gleichzeitig aber auch egoistischer zu machen. Oder Wörter, die an das Altern erinnern, führten dazu, dass die Teilnehmenden einer Studie sich langsamer bewegten.[53] In einer anderen Studie wurden Frauen von einem Mann in einer Shopping Mall nach ihrer Telefonnummer gefragt.[54] Waren die Frauen dabei in der Nähe eines Blumengeschäfts, gaben sie diese eher heraus als vor einem anderen Geschäft. Die Blumen primten die Frauen anscheinend auf Romantik.

Priming beeinflusst unser unbewusstes Denken und Verhalten mehr, als wir für möglich halten. Der Forscher Justin Berg untersuchte diese Art von Beeinflussung in Bezug auf Ideengenerierung. Seine Erkenntnis: Je origineller die Beispiele, desto origineller sind die generierten Ideen in einem Ideen-Workshop. Je nützlicher die Beispiele, desto nützlicher die Ideen.

Da Innovation originelle Ideen benötigt, die dennoch nützlich sein müssen, musst du bei einer der beiden Dimensionen Abstriche machen. Oder doch nicht? Berg fand heraus, dass es möglich ist, zuerst den Fokus auf die Originalität zu lenken, um anschließend die Ideen nützlicher zu machen. Wesentlich schwieriger ist es allerdings andersherum. Nützliche Ideen im Nachhinein kreativer zu machen, ist fast unmöglich. Daher solltest du zu Beginn eines Brainstormings die Teilnehmenden mit originellen Beispielen inspirieren und erst im zweiten Schritt den Fokus auf Nützlichkeit lenken.

## Das richtige Framing, um groß zu denken

Im Jahr 2010 beschlossen die Google-Gründer Larry Page und Sergey Brin, eine neue Abteilung innerhalb des Google-Konzerns zu gründen. Die Idee: ein Bereich, den sie Google X (heute nur noch X) nennen, in dem die Mitarbeitenden weit entfernte, nach Science-Fiction klingende Innovationen entwickeln könnten. Ideen, die die Welt eines Tages radikal besser machen könnten, sogenannte Moonshots. Das Wort „Moonshot“ erzeugt Bilder des Mondprogramms der USA und der berühmten Rede von John F. Kennedy im Jahr 1962, in der er erklärte, dass die USA die Ambition hätten, noch innerhalb des gleichen Jahrzehnts auf dem Mond zu landen.

Die Wortwahl ist wichtig für das Framing – egal, ob es sich um Weltraumforschung oder eine Innovationsabteilung handelt. Das bei Google mantraartig wiederholte Moonshot Thinking soll helfen, ebenso groß und ambitioniert zu denken. Und aus diesem Grund macht es Sinn, eine Ideenfabrik als Moonshot Factory oder dergleichen zu bezeichnen. Problematisch ist es nur dann, wenn andere Firmen ihre Ideenschmieden ebenso oder ähnlich benennen, aber eigentlich gar keine Ambitionen haben, echte Moonshots zu entwickeln. Ich kenne beispielsweise langweile Staatsbetriebe, die ihre Innovationsabteilungen so benannt haben. Dort arbeiten dann ein paar wenige Leute, die weder Budget noch Power haben, um irgendetwas Bahnbrechendens zu tun – abgesehen davon, dass eine derartige Moonshot Factory schnell zur Farce verkommt, denn allein den Namen zu kopieren, unterstreicht bereits den Mangel an Kreativität.

Metaphern erzeugen nur dann starke Bilder, wenn sie neu sind. Ein Satz wie „Schnee von gestern“ erzeugt keine starken Bilder mehr, weil er selbst zum Schnee von gestern wurde. Wenn du den Namen eines Workshops, eines Projekts oder einer Abteilung wählst, achte darauf, dass dieser originell ist und die richtigen Bilder in den Köpfen erzeugt.

## Seven Star Design

Fast jeder, der mit Innovation zu tun hat, spricht vom Out-of-the-box-Denken. Aber wie macht man das?

Ich habe dir bereits einige Reframing-Techniken gezeigt, die helfen, anders über das Problem nachzudenken. Jetzt möchte ich dir noch eine Technik zeigen, die dir und deinen Leuten helfen kann, deutlich kreativere Lösungen zu entwickeln.

Ich habe diese Technik Brian Chesky, dem Mitgründer und CEO von Airbnb, entlehnt.[55] Die Technik ermöglicht es deinem Team, die volle Kreativität auszuschöpfen und dennoch nützliche Lösungen zu entwickeln. Sie besteht aus drei Schritten:

1. Beim Seven Star Design entwickelt man zuerst gemeinsam eine Fünf-Sterne-Lösung für das Problem. Diese Fünf-Sterne-Lösung hat den Anspruch, sehr gut zu sein, wie eine typische Fünf-Sterne-Bewertung. Sie befindet sich jedoch innerhalb der imaginären „Box“. Doch damit begnügen wir uns nicht.
2. Nun ist es die Aufgabe, eine Sechs-Sterne-Lösung zu entwickeln. Diese soll noch besser, aber eben außerhalb der „Box“, also außerhalb des Erwartbaren sein.
3. Danach folgt eine Sieben-, dann eine Acht-, dann eine Neun-, Zehn- oder Mehr-Sterne-Lösung. Diese Lösungen haben den Anspruch, immer kreativer, besser und abgefahrener zu werden.

In der Regel reichen zehn Sterne aus, um die verrücktesten Ideen zu entwickeln.

Jetzt werden alle Lösungen durchleuchtet, um aus all diesen kreativen Ideen brauchbare, neue Lösungen herauszufiltern. Auch hier gilt das Prinzip: erst originell, dann nützlich.

Das Ziel ist eine umsetzbare Sieben-Sterne-Lösung (daher der Name), die besser ist als alles, was Menschen (z. B. Kunden) bisher kennen.

Warum funktioniert diese Technik? Weil sie die imaginären Limitierungen unseres Denkens bewusst macht und uns schrittweise aus der „Box“ herausführt.

## Der Dreiklang für mehr Kreativität

Von Apple kann man so einiges lernen, zum Beispiel wie man es schafft, jedes Jahr fast das gleiche Handy auf den Markt zu bringen, es jedes Mal wieder „revolutionär" zu nennen, um es dann – ganz ohne Schamgefühl – 100 Euro teurer als das Vorgängermodell zu machen. Apple ist der Don King des Marketings. Doch abgesehen davon, zählt das Unternehmen zum elitären Kreis der sogenannten Corporates, die es tatsächlich hin und wieder schaffen, radikale Innovationen erfolgreich auf den Markt zu bringen. Den Macintosh, den iPod mit iTunes, das erstes iPhone, die Apple Watch und zuletzt die Vision Pro – all diese Innovationen darf man in diese Kategorie stecken. Dafür braucht ein Unternehmen eine Kultur der Innovation, und ein Umfeld, das Kreativität fördert.

Apple-Mitgründer Steve Jobs galt selbst als kreatives Genie und war besessen von der Frage, was Kreativität fördert. Das neue kreisrunde Apple-Hauptgebäude, Apple Park, wurde zwar erst nach dessen Tod fertiggestellt, doch war dieser noch entscheidend in die Planung involviert. Das Gebäude besteht aus Gemeinschaftsräumen, privaten Büros für konzentriertes Arbeiten und breiten, verglasten Gehwegen, die einen ungestörten Ausblick auf die Landschaft ermöglichen. Der gesamte Campus besteht zu 80 % aus Grünflächen und lädt zum Spazierengehen und Fahrradfahren ein.[56] Experimente haben gezeigt, dass Spaziergänge, vor allem in der Natur, die Konzentrationsleistung steigern. Jobs selbst ging ständig spazieren, machte währenddessen auch viele Meetings mit seinen Mitarbeitenden und war ein begeisterter Fahrradfahrer. Die gewählte Architektur symbolisiert die Überzeugung, dass Kreativität im Kern drei Dinge benötigt:

1. kreativen Austausch
2. konzentriertes Arbeiten
3. Betätigung in der Natur, um die Macht des Unbewusstseins zu nutzen

## Diversität fördert Kreativität

Diverse Untersuchungen haben regelmäßig gezeigt, dass Gruppen bei komplexen Aufgaben besser abschneiden, wenn sie heterogen zusammengesetzt sind.[57] Komplexe Aufgaben erfordern eine Vielzahl von Fähigkeiten und Perspektiven, um gut ausgeführt zu werden. Eine Vielfalt in Bezug auf den Hintergrund, Ausbildung, Betriebszugehörigkeit und Wissen hat eine positive Auswirkung auf die Leistung eines Teams. Eine der Empfehlungen, die Autor Salim Ismail den CEOs großer Unternehmen regelmäßig gibt, ist, die klügsten 25-Jährigen in ihrem Unternehmen zu finden, die sie bei der Führungsarbeit begleiten sollen – als eine Art umgekehrte Mentorenschaft (Englisch: reverse mentoring). Der CEO von Salesforce Marc Benioff nutzt beispielsweise seit Jahren das Prinzip von umgekehrter Mentorenschaft, um sich seine Innovations- und Technologieoffenheit zu erhalten.

## Innovation braucht mehr als Kreativität

Es lohnt sich, eine Kultur der Kreativität zu fördern. Doch für Innovation braucht es nicht nur Ideenvielfalt. Es braucht nicht nur kluge Ideen, die auf Post-its, PowerPoint-Folien und Businessplänen landen. Es braucht eine weitere wichtige Zutat, nämlich Mut. Es braucht den Mut, Fragen zu stellen, wenn alle anderen so tun, als ob alles klar sei. Es braucht den Mut, sich mit Themen zu beschäftigen, die die eigene (derzeitige) Expertise überschreiten. Es braucht den Mut, große Ideen zu entwickeln und noch mehr davon, diese zu verfolgen und zu verteidigen. Es braucht Mut, neu, anders und langfristig zu denken. Es braucht Mut, Ideen zu verwerfen und Projekte zu „killen“.

Deshalb beschäftigen wir uns im nächsten Kapitel mit Ängsten, Risiken und Sicherheit. Du wirst darin lernen, wie du deine eigenen Ängste in Motivation umwandeln kannst.

### DIE WICHTIGSTEN ERKENNTNISSE DIESES KAPITELS

1. Kreativität ist ein langwieriger Prozess aus unterschiedlichsten Leidenschaften, Beharrlichkeit und Ausdauer.
2. Die wichtigste Voraussetzung, um neue Lösungen zu entwickeln, ist es, neue Fragen zu finden.
3. Wissenschaftlicher Diskurs und Reframing-Techniken (z. B. Was würde X tun?) helfen, neue Fragen zu finden.
4. Statt gleich nach Lösungen zu suchen, solltest du zuerst neue Fragen brainstormen.
5. Priming beeinflusst, wie groß und kreativ Menschen denken.
6. Diversität und das richtige Umfeld sind entscheidend für Kreativität.

# KAPITEL 3
# NUTZE DEINE ANGST ALS KOMPASS

Wer kann schon von sich behaupten, nicht hin und wieder Angst zu haben oder sich keine Sorgen zu machen? Aber in der Wirtschaft wird „Angst“ kaum thematisiert, gerade so, als ob sie nicht existiere.

Sieben Jahre leitete ich jede Woche Innovationsworkshops mit den verschiedensten Industrieunternehmen. Irgendwann machte ich ein kleines Gedankenexperiment: Was wäre passiert, wenn ich im Jahr 2008 oder 2009 mit einem deutschen Automobilkonzern einen dieser Workshops durchgeführt hätte? Die Idee für ein Ride-Sharing-Geschäftsmodell wie das von Uber, Lyft, Bolt etc. wäre ziemlich sicher in so einem Workshop entstanden. Alle Zutaten dafür, wie die App Economy oder GPS auf den Smartphones, waren damals vorhanden. Und die Methodik, die wir anwandten, war darauf ausgelegt, disruptive, neue Geschäftsmodelle zu entwickeln. Dennoch glaube ich, dass aus der Idee nicht viel geworden wäre. Die Angst, die Kernkompetenz zu verlassen, die Markenreputation zu riskieren und womöglich noch den Absatz neuer Autos zu gefährden, hätten dazu geführt, dass irgendwann irgendjemand der Idee den Stecker gezogen oder ausreichend viel Steine in den Weg gelegt hätte.

Menschen verhindern Innovation. Der Grund dafür ist meist nicht, dass sie besser als andere wissen, was morgen funktionieren wird oder clevere Strategen sind. Sie machen das auch nicht, weil sie feindselig gegenüber Innovation sind, sondern weil sie Angst haben. Angst kann dazu führen, zu erstarren und dem Irrglauben zu verfallen, es gäbe keine Alternativen. Angst kann dich abhalten, die richtigen Fragen zu stellen.

Angst ist einer der größten Feinde der Innovation. Daher müssen wir eine neue Beziehung zur Angst aufbauen und lernen, sie als Kompass zu nutzen.

## Angst ist der Feind von Innovation

Es war der große Tag, auf den wir monatelang hingearbeitet hatten. Vier Teams sollten endlich ihre neuen Geschäftsmodelle vor der Geschäftsleitung präsentieren. Die Firma war ein familiengeführtes Unternehmen, das führend in Audiotechnik ist. Die Teams hatten über Monate hinweg kreative Ideen entwickelt, Interviews geführt, Prototypen gebaut, getestet und ihre Ideen angepasst. Heute war die Stunde der Wahrheit.

Nach einem intensiven Pitch-Training waren alle gut vorbereitet. Gleich würden die Teams, die meine Kollegin und ich über Monate unterstützt und in Innovations-Tools unterrichtet hatten, die Geschäftsmodelle von morgen vorstellen. Es ging um neue Konzepte, die die Firma für immer verändern könnten. Doch dann geschah etwas Merkwürdiges. Eines der Teams kam zu mir und sagte, dass sie gar nicht mehr präsentieren wollten. Das war am letzten Tag unseres Intrapreneurship-Programms, ein paar Stunden vor den finalen Pitches. Und die anderen Teams verkleinerten unverhofft ihre Ideen. Sie machten sie kurz vor den Präsentationen weniger disruptiv – also weniger gefährlich für das Kerngeschäft. Innerhalb weniger Stunden entwickelten sich unsere vier radikalen neuen Geschäftsmodelle in vier nette, aber deutlich kleinere Ideen.

Als die Geschäftsleitung sich die Pitches anhörte, war auch sie überrascht. Sie hatte uns extra als Beratung geholt, damit wir ihrem Unternehmen halfen, radikaler zu denken. Das Ziel des Programms war es, die Mitarbeitenden nicht nur in Geschäftsmodellinnovation auszubilden, sondern das Gelernte sofort anzuwenden und neue Innovationen zu produzieren. Doch nun wurden die vier Konzepte in kurzer Zeit an das, was in der Firma als „normal" galt, angepasst. Was war passiert?

## Die Firmenkultur verspeiste unsere Innovationsideen zum Frühstück

Es war mein Fehler. Ich war naiv und hatte gedacht, ich könnte mit ein paar Workshops die Mitarbeitenden in der Firma dazu bringen, mutige Ideen zu entwickeln. Ich war blauäugig, weil der Auftrag direkt von der Geschäftsleitung kam. Ich hatte daher erwartet, dass die Mitarbeitenden sich mit ambitionierten Projekten übertreffen würden. Doch das Gegenteil passierte. Die Mitarbeitenden hatten Angst, sich zu weit aus dem Fenster zu lehnen und von der Norm abzuweichen. Radikale neue Konzepte in einer etablierten Firma – das passte irgendwie nicht. Viele hatten gelernt, dass es gefährlich in dem Unternehmen ist, wenn man zu wilde Ideen hat. Und obwohl die Geschäftsleitung zwar behauptete, nach mutigen Ideen zu suchen, waren die Mitarbeitenden noch immer dieselben ebenso wie die Kultur in der Firma.

Innovation braucht Mut, das hatte ich gelernt, und sie braucht Mut für eine ganze Reihe von Dingen.

## Visionen brauchen Mut

Große Ideen brauchen eine Kombination aus Mut und langfristigem Denken. Mark Zuckerberg etwa hätte das Social-Media-Game noch eine Weile spielen können. Mit Facebook, WhatsApp und Instagram besitzt sein Konzern, der inzwischen Meta heißt, drei der meistgenutzten Social-Media-Plattformen und Messenger-Dienste der Welt. Zuckerberg ist sich auch nicht zu schade, beliebte Features der Konkurrenz einfach mal zu kopieren: Aus Snapchats-Hauptfeatures wurden bei Facebook, WhatsApp und Instagram die beliebten Stories, und aus dem TikTok-Prinzip machte Zuckerberg Instagram Reels. Doch, wie lange ist das Smartphone noch das dominante Interface für den Zugang zum Internet und der Kommunikation mit anderen?

Diese Frage hat sich Zuckerberg schon vor langer Zeit gestellt. Im Jahr 2014 kaufte Facebook das Virtual-Reality-Startup Oculus. Seitdem setzte Zuckerberg alles auf Virtual und Augmented Reality als das Interface der Zukunft. Nach Zuckerbergs Meinung werden wir schon in naher Zukunft im Metaverse, einer virtuellen, dreidimensionalen Welt, arbeiten, spielen und shoppen. Und Meta soll dafür die Hardware und die Plattform zur Verfügung stellen, um nicht mehr von der Gunst von Apple und Google abhängig zu sein.

Wer große Ideen hat, exponiert sich und macht sich angreifbar. Doch genau das ist notwendig, um die nächste technologische Welle zu reiten. Ob Zuckerbergs Strategie aufgeht, wird sich zeigen. Ich persönlich sehe in ihm eher jemanden, der gut im Kopieren anderer Ideen ist als einen First Mover. Aber egal, was man von Mark Zuckerberg und Metas Strategie halten mag – Zuckerbergs Durchsetzungsvermögen verdient Respekt, denn es ist beachtlich, wie konsequent er seine Ziele mithilfe risikoreicher Strategien verfolgt. Niemand weiß, ob er mit seiner Vision richtig liegen wird – doch den nötigen Mut dafür hat er.

## Wovor haben wir eigentlich Angst?

Die Psychologin und Bestsellerautorin Susan Jeffers hat sich ihr Leben lang mit dem Thema Angst beschäftigt.[58] Ihrer Ansicht nach gibt es drei Ebenen der Angst:

Auf der ersten Ebene ist das, was man sieht, zum Beispiel die Entscheidung, die man treffen, oder der Vortrag, den man halten muss. Die Ängste dieser Ebene sind abhängig von einer spezifischen Situation. Es ist die erste Antwort, die man bekommt, wenn man jemanden fragt, wovor er oder sie Angst hat.

Auf der zweiten Ebene befinden sich die Ängste, die unser Ego betreffen, beispielsweise die Angst vor Zurückweisung oder davor, sein Gesicht zu verlieren, zu scheitern oder auch manchmal die Angst vor dem Erfolg.

Auf der dritten, tieferen Ebene befindet sich eine universelle Urangst: die Angst, dass wir mit dem, was uns das Leben bringt, nicht umgehen können.

Wann immer du das Gefühl von Angst verspürst, hilft es, sich selbst „Ich komm' damit klar" zu sagen, so Jeffers. Mut zu haben, ist nichts weiter als der Glaube, dass man damit klarkommt, wenn man zurückgewiesen wird, scheitert oder sein Gesicht verliert. Dabei spielt auch, wie wir mit uns selbst reden, eine große Rolle für unser Seelenleben. Noch besser ist es sogar, sich mit „Du kommst damit klar" zu bestärken.

Die Forschung hat gezeigt, dass sich selbst in der zweiten Person anzusprechen, einen beruhigenden Effekt für die eigene Psyche hat. Man wird dadurch zum eigenen Coach.[59]

## Die Angst vor Kannibalen

Es war eines meiner ersten großen Projekte als Innovationsberater. Ein Schweizer Lebensmittelkonzern hatte meine Beratungsfirma geholt mit dem Ziel, ihnen zu helfen, ein neues Business aufzubauen – Gewinnziel des Neugeschäfts: 100 Millionen Euro. Mein Team bestand aus mir und meiner bis dato einzigen Mitarbeiterin, die bei mir gerade ihren ersten Job nach dem Studium angefangen hatte, und wir kamen uns beinahe wie Hochstapler vor. Doch schnell erkannten wir, dass wir tatsächlich einen Mehrwert für die Firma bringen konnten. Unsere externe Sicht auf die Welt war das, was den hochrangigen Mitarbeitenden im Konzern fehlte. Also taten wir alles dafür, die Mitarbeitenden zu inspirieren und dem Management mit provokanten Fragen zu helfen, aus ihren gewohnten Denkmustern auszubrechen. Ein Zitat, das wir in einer Präsentation zeigten, stammte von Steve Jobs. Es lautete: *Wenn du dich nicht selbst kannibalisierst, wird es jemand anderes tun.* Das Zitat kam gut an. Das zeigte sich durch zustimmendes Nicken. Wir dachten uns daher auch nicht viel dabei, als wir später bei der Bewertung der neuen Geschäftsideen das Kannibalisierungspotenzial einer Idee als eines der Entscheidungskriterien vorschlugen. „Was? Das Kannibalisierungspotenzial einer Idee ist doch ein Negativkriterium", polterte der Marketing-Manager der Firma. Andere, die sich wahrscheinlich zuvor nicht trauten, etwas zu sagen, stimmten jetzt darauf ein. „Die Aufgabe, warum wir euch geholt haben, ist es, Neugeschäft zu entwickeln und nicht unser bestehendes Geschäft kaputtzumachen!", war plötzlich der Tenor im Raum.

Das Unternehmen machte einen Großteil seines Umsatzes mit Milchprodukten und diese Produkte wurden wie heilige Kühe in der Firma verehrt. Doch viele der Ideen, die wir in dem Projekt diskutierten, basierten auf veganen Produkten. Veganismus war ein Trend, der sich damals schon sehr deutlich abzeichnete. Doch die Angst davor, das Kerngeschäft anzugreifen und den Firmeninhabern auf die Füße zu treten, war ebenfalls sehr groß.

Menschen haben eine sehr genaue Vorstellung davon, was auf dem Spiel steht und was man verlieren kann, doch nur eine sehr unklare Vorstellung davon, was möglich ist und was man gewinnen kann. Und da es – wie wir bereits erfahren haben – in der Natur der Menschen liegt, Verluste vermeiden zu wollen, ist die Angst vor Kannibalisierung eine ernst zu nehmende Angelegenheit.

Zum Glück gelang es uns, das Thema Veganismus dennoch in den Workshop einzubringen. Wie haben wir das gemacht?

Wir fragten das Management, woran ihr Unternehmen scheitern könnte. Es gab einige Szenarien, aber dass für einen Milchverarbeitungskonzern Veganismus eine existenzielle Bedrohung war, lag auf der Hand. Als dieses Szenario in aller Deutlichkeit ausgemalt wurde, veränderte sich die Einstellung im Raum.

Heute ist die Firma froh, das Thema damals aufgegriffen zu haben. Im letzten Jahr war dieser Bereich einer der wenigen Wachstumstreiber des Unternehmens.

## Innovation ist kompliziert

Wenn du weltverändernde Innovationen entwickeln willst, musst du dich auch mit komplizierten Themen beschäftigen. Viele Gründer, Berater und Coaches sagen von sich, dass sie die technischen Details nicht verstehen und auch nicht verstehen wollen. Sie beschäftigen sich stattdessen lieber mit dem „kreativen Teil". Das ist ein Fehler. Denn, um wirklich kreative Lösungen zu entwickeln, musst du dich mit dem komplexen Umfeld, beispielsweise den technischen Möglichkeiten und den spezifischen Regularien, beschäftigen. Wann immer du das Gefühl bekommst „Das ist mir zu kompliziert", sollte deine spontane Reaktion sein: „Ok, dann schaue ich mir das so lange an oder frage jemanden, bis es nicht mehr kompliziert ist." Das ist der einzige Weg, um Dinge wirklich zu verändern.

Außerdem kann es motivierend sein, sich vorzustellen, dass andere das Thema wahrscheinlich beiseitelegen würden, weil es so kompliziert ist. Wenn du es schaffst, „Komplexität" in etwas Motivierendes umzuframen, indem du es als zu lösendes Puzzle siehst, wirst du mehr Energie haben als andere, sich mit den komplizierten Details zu beschäftigen.

## Die Angst, zu töten

Viele Menschen hassen es, Entscheidungen zu treffen. Warum ist das so? Dazu ein Beispiel.

Angenommen, du sitzt auf einem Langstreckenflug. Nachdem du die meiste Zeit gearbeitet hast, willst du die letzten zwei Stunden des Flugs nur noch einen Film schauen. Das Entertainmentsystem hat Dutzende von guten Filmen und spannenden TV-Shows zur Auswahl. Eigentlich spielt es auch keine große Rolle, was du schaust. Warum ist es dann so schwer, sich für einen Film zu entscheiden? Weil, sich für einen Film zu entscheiden auch heißt, dass du all die anderen Sachen nicht schauen kannst.

Entscheidungen zu treffen, kostet Willenskraft. Je mehr Entscheidungen du schon an einem Tag getroffen hast, desto eher leidest du an Ego-Depletion: deine Fähigkeit, Entscheidungen zu treffen, egal, wie banal sie erscheinen, ist erschöpft.[60]

In meinen Innovations-Workshops entstehen oft Dutzende Ideen für neue Innovationen. Viele Ideen zu haben, ist toll. Es ist aber auch eine Herausforderung, denn Entscheidungen zu treffen, ist harte Arbeit. Wenn du oder dein Team wichtige Entscheidungen treffen müsst, etwa mit welchen Ideen ihr weiterarbeiten wollt oder welche ihr aufgeben solltet, rate ich dir, diese Entscheidung am nächsten Morgen zu treffen.

Tipp: Man sollte wichtige Entscheidungen auch nicht vor dem Essen treffen, da das Gefühl von Hunger und ein niedriger Blutzucker Ego-Depletion fördern.[61]

Sich zu entscheiden, verursacht immer Angst. Und Menschen sind besonders ängstlich, wenn Ego-Depletion dazu führt, dass es besonders schwer ist, Entscheidungen zu treffen.

## Die Angst vor versunkenen Kosten

Der sogenannte Sunk-Cost-Effekt ist einer in der Betriebswirtschaft am häufigsten diskutierten Effekte und fehlt in so gut wie keiner BWL-Grundlagenvorlesung. Er zeigt sich in einer Tendenz, ein Vorhaben fortzusetzen, sobald in eine Investition Geld, Mühe oder Zeit getätigt wird, auch wenn sich das Vorhaben als

Fehler erweist. In Experimenten konnte gezeigt werden, dass je nach Framing des Szenarios, die Mehrheit der Teilnehmenden eine kostspielige Investition – zum Beispiel in die Entwicklung eines Flugzeugs, dessen kommerzielle Erfolgsaussichten miserabel war – befürworten würden, wenn angeblich bereits viel Geld investiert worden war. Jedoch würde die Mehrheit die Investition ablehnen, wenn noch kein Geld geflossen wäre. Wohl gemerkt, das Experiment war rein hypothetisch. Die Teilnehmenden hatten sich lediglich vorgestellt, als Präsident der Firma bereits viele Millionen Dollar in das Projekt investiert zu haben. Dennoch war der Effekt eindeutig.

Doch, wie und vor allem warum entsteht der Effekt? Der Forscher Hal Arkes und die Forscherin Catherine Blumer, die dieses und andere Experimente durchführten, haben den Sunk-Cost-Effekt genauer untersucht. Sie haben festgestellt, dass er eine Kombination von verschiedenen kognitiven Verzerrungen darstellt. Diese Kombination von Faktoren verursacht ein unangenehmes Gefühl, das Menschen versuchen zu vermeiden.

In erster Linie spielt Verlustaversion eine Rolle, da Menschen es – wie bereits erwähnt – hassen, zu verlieren. Geld oder Mühe wurden bereits eingesetzt, und wir tun alles, um dafür eine Gegenleistung zu bekommen. Des Weiteren wird das unangenehme Gefühl von kognitiver Dissonanz beeinflusst. Diese beschreibt das Phänomen, dass Menschen sich schlecht fühlen, wenn sie realisieren müssen, dass Überzeugungen und Verhaltensweisen nicht zusammenpassen – in diesem Fall etwa, dass sich eine in der Vergangenheit getroffene Entscheidung als Fehler herausstellt. Einer der Hauptmotivatoren scheint es jedoch zu sein, dass Menschen es hassen, Ressourcen (z. B. Geld) zu verschwenden. Die Vorstellung, Millionen von Dollar für die Entwicklung eines Flugzeugs ausgegeben zu haben, dass nie gebaut wird, ist uns sehr unangenehm.[62] Kleine Kinder (drei bis fünf Jahre alt) haben weniger ein Problem mit Verschwendung und leiden daher auch weniger bzw. gar nicht am Sunk-Cost-Effekt. Dies konnte in mehreren Experimenten gezeigt werden.[63]

## Lean Startup braucht Mut

> In Ihrem Bürogebäude gibt es keine Fakten,
> daher gehen Sie lieber nach draußen.
>
> STEVE BLANK

Steve Blank ist der Vordenker der Lean-Startup-Bewegung. Sein Mantra ist: Geh raus, so früh wie möglich, und sprich mit den potenziellen Kunden! Denn in deiner Firma gibt es nur Annahmen, keine Fakten. Die Fakten sind draußen – bei den Kunden.

Wer würde dem nicht zustimmen? Schließlich ist es heutzutage en vogue, von Kundenzentrierung zu reden. Doch, sobald ich mit Teams an echten Projekten arbeite, kommen schnell Bedenken, ob man wirklich so früh den Kundenkontakt suchen oder doch lieber abwarten sollte. Warum?

Zum einen haben viele Menschen Probleme damit, andere Mitmenschen anzusprechen. Sie haben das Gefühl, anderen die Zeit zu stehlen. Zum anderen kommt häufig ein weiteres unangenehmes Gefühl hinzu, das wir alle vermeiden wollen: Scham. Oft sind die ersten Ideen schlecht und die ersten Prototypen miserabel. Der PayPal-, LinkedIn- und OpenAI-Mitgründer Reid Hoffman sagte einmal den schönen Satz: „Wenn dir die erste Version deines Produkts nicht peinlich ist, hast du es zu spät auf den Markt gebracht."[64] Es ist eine tolle Erinnerung daran, dass sich Perfektionismus oftmals nicht auszahlt und es bei Innovationen manchmal von größerem Vorteil ist, schnell rauszugehen und von den Kunden zu lernen. Doch das Ganze hat nur ein Problem: Das Schamgefühl, das Unbehagen erzeugt, mag niemand.

Das zweite Problem mit Lean Startup ist das sogenannte Minimum Viable Product (kurz MVP). Alle, die in den letzten zehn

Jahren mit Innovation zu tun hatten, haben bestimmt davon gehört. Der Theorie nach baut man statt eines fertigen Produkts zunächst ein MVP. Dieses MVP muss nicht alle Funktionen haben, genau genommen muss es gar keine Funktionen haben. Es reicht aus, wenn es die Funktionen simuliert und den Nutzern ein Gefühl gibt, wie das fertige Produkt aussehen könnte. Das MVP von Dropbox beispielsweise war lediglich ein fünfminütiges Video, wobei alle Kernfunktionen simuliert wurden. Es wurde nichts programmiert. Dieses Konzept wurde durch das Buch *The Lean Startup* von Eric Ries populär.

Der Sinn des MVP besteht darin, die wichtigsten Annahmen hinter einer neuen Idee zu testen und zu bestätigen, ohne das komplette Angebot teuer entwickeln zu müssen. Denn, je mehr Geld und Zeit wir investieren, desto stärker ist der Sunk-Cost-Effekt. Daher wird bei einem MVP etwas angeboten, was noch nicht existiert.

Leider habe ich in meinen Projekten oft erlebt, dass genau darin das Problem gesehen wird. „Wir können doch nicht etwas anbieten, was noch nicht existiert“, heißt es dann immer wieder. Manchmal würde ich gerne zurückschreien: „Doch, genau darum geht es!“ Offensichtlich werden Reputationsrisiken oft als gefährlicher eingeschätzt als das Risiko, Millionen von Euro für ein Angebot auszugeben, das niemand braucht. Theoretisch lässt sich das Innovationsrisiko durch einen MVP und andere Lean-Startup-Methoden minimieren, praktisch verschiebt es sich jedoch nur. Am Ende des Tages braucht es eine Person, die ein Risiko, egal, ob ein Finanz- oder ein Reputationsrisiko, in Kauf nimmt.

## Die Meinung anderer

Je mehr Menschen eine Sache gut finden, desto eher sind wir davon überzeugt, dass sie gut ist. Das Café, in das plötzlich alle gehen, der Film, den jeder gesehen hat, die App, die fast jeder verwendet. Dieses Phänomen nennt sich Social Proof.[65] Es ist eines der stärksten Merkmale, um die Richtigkeit und Wichtigkeit einer Sache in unserer komplexen, unüberschaubaren Welt zu erkennen. Als Marketing-Instrument ist Social Proof nicht mehr wegzudenken: Reviews, Testimonials, Referral Marketing – all diese Dinge machen davon Gebrauch. Doch, was ist, wenn dir alle sagen, dass deine Idee zum Scheitern verurteilt ist?

Amazon-Gründer Jeff Bezos war viele Jahre in dieser Situation. Als der Gigant der Buchindustrie, Barnes and Nobles, zwei Jahre nach Amazon ins Onlinegeschäft einstieg und damit zum direkten Konkurrenten des damals jungen Start-ups avancierte, wurde in der Presse über den E-Commerce-Pionier gespottet. Man war allgemein der Meinung, dass Amazon der Wegbereiter für E-Commerce war, aber nun die Big Player das Spiel übernehmen. Bezos' Start-up wurde daraufhin als „Amazon dot toast", „Amazon dot bomb" und „Amazon dot con" bezeichnet.[66]

Schamgefühl und die Meinung anderer beeinflussen die meisten Menschen stark. Bei dem Monty-Hall-Problem wechseln wir nicht, da es peinlich wäre, auf dem Hauptgewinn zu sitzen und dann im letzten Moment zu wechseln und deswegen zu verlieren. Viele Menschen reden von Kundenzentrierung, aber wenn sie mit echten Kunden über unausgereifte Ideen reden müssen, schämen sie sich und schieben es auf. Menschen trauen sich nicht, Fragen zu stellen, die wichtig wären, weil es so aussehen könnte, dass sie etwas nicht verstanden haben. Schamgefühl und die Meinung anderer haben die meisten Menschen fest im Griff.

## Wie sich die Angst verkleidet

Menschen haben Angst vor der Unsicherheit, vor möglichen Verlusten, aber auch einfach vor dem Gefühl des Unbehagens. Es ist unbehaglich, sich zu isolieren, sich zu schämen oder Ressourcen zu verschwenden. Wir wollen diese Gefühle vermeiden.

Aber, sagen wir das? Nein! Stattdessen versteckt sich die Angst hinter verkleideten Aussagen und vernünftig klingenden Sätze wie „Lass uns realistisch bleiben!“, „Wir können doch nicht das kaputt machen, womit wir Geld verdienen!“ oder „Lasst uns erst mal das mit unseren eigenen Leuten testen!“.

Oder es zeigt sich nur indirekt im Verhalten, indem die Beteiligten beispielsweise, wie damals bei meinem Audiotechnikunternehmen, einstmals große Ideen wieder kleiner machen oder eine mutige Vision aufweichen.

Solltest du dieses Verhalten bei anderen Menschen bemerken, kannst du eine Technik einsetzen, die sich motivierende Gesprächsführung nennt, die ich ausführlich in Kapitel 6 vorstellen werde. Solltest du dieses Verhalten bei dir selbst beobachten, ist es an der Zeit, an deiner eigenen Courage zu arbeiten. Glücklicherweise bieten die Verhaltenswissenschaften eine Reihe von Methoden dafür an.

## Du kannst Courage trainieren

Ängste spielen bei Innovationsentscheidungen in jeder Entwicklungsphase eine Rolle. Und kein Businessplan, kein Risikoassessment und kein Expertenrat können dir 100 %ige Gewissheit bieten, dass etwas erfolgreich wird. Das Management sieht oftmals nur die Früchte der Innovation bei anderen und denkt sich: „Das will ich auch!“ Doch viele Unternehmen, die es nicht schaffen, erfolgreich innovativ zu sein, gestehen sich nicht ein, dass sie nicht die nötige Courage hätten, um eine Innovation von Anfang bis Ende umzusetzen. Denn sie haben ihre Courage nie trainiert. Doch genau darum geht es: Training. Je mehr du deine Courage trainierst, desto eher wirst du dich in kritischen Situationen mutig verhalten.

Aber was genau ist Courage und wie kann man sie entwickeln?

## Courage ist magnetisch

Der Bauarbeiter Wesley Autrey wartete mit seinen zwei jungen Töchtern auf die Linie 1 der New Yorker U-Bahn, als ein junger Mann plötzlich einen epileptischen Anfall bekam.[67] Als Autrey dem Mann helfen wollte, stolperte dieser und fiel auf die Gleise. In diesem Moment fuhr der Zug der Line 1 in den Bahnhof ein. Autrey zögerte nicht lange und sprang hinterher. Später sagte er der Presse, dass er die Höhe zwischen dem Boden der Gleise und der Höhe des Zuges aufgrund seiner Arbeit relativ gut einschätzen konnte. Autrey schob den verletzten, jungen Mann in den Mittelraum zwischen die Gleise und legte sich auf ihn. Nur zwei Zentimeter waren zwischen den beiden Männern und dem tiefsten Teil des Zuges, als dieser über die beiden hinwegrollte. Beide überlebten. Nach diesem Vorfall wurde Autrey zum Medienphänomen. Er wurde als Subway Superman und Hero of Harlem bezeichnet. Präsident George W. Bush sprach über ihn in der State of the Union Address 2007. Er wurde vom *Time Magazine* zu einem der 100 einflussreichsten Menschen im Jahr 2007 benannt. All das erscheint natürlich etwas übertrieben für das Retten einer einzigen Person. Doch es zeigt, welche Begeisterung das Bezeugen von Mut und Größe bei uns Menschen auslöst. Selbst Donald Trump wollte etwas von Autrey's Glanz abhaben, lud diesen in sein Büro ein und verfasste sogar den Artikel über Autrey in der Sonderausgabe des *Time Magazines*.[68]

Genauso sind wir magnetisch angezogen von couragierten Innovationen. Zu sehen, wie eine Rakete zur Erde zurückkehrt, um dann vertikal zu landen, ist so fantastisch wie surreal – wie eine Szene aus einem Science-Fiction-Film. Wir Menschen erkennen couragierte Innovationen, wenn wir sie sehen.

## Was ist Courage?

> Courage ist zu wissen, dass es wehtun könnte, und es trotzdem zu tun. Dummheit ist dasselbe. Und deshalb ist das Leben so schwierig.
>
> JEREMY GOLDBERG, AUTOR VON *IT'LL BE OKAY, AND YOU WILL BE TOO*

Bevor wir dazu kommen, wie man Courage trainiert, müssen wir klären, was Courage genau ist. Denn Courage ist mehr als nur Mut. Die Forscherin Cynthia Pury hat sich jahrzehntelang mit dem Thema Courage wissenschaftlich beschäftigt. Sie definiert Courage als „das absichtliche Verfolgen eines lohnenswerten Ziels trotz der Wahrnehmung einer persönlichen Bedrohung und eines ungewissen Ausgangs".[69] Ein Aspekt ist die Absicht. Das heißt, wenn du zufällig jemandem das Leben rettest, zählt das nicht als Courage.

Der zweite Aspekt ist das lohnenswerte Ziel. Wenn du zum Beispiel in ein brennendes Gebäude gehst, um jemanden lebend herauszuholen, ist das Courage. Wenn du dich aber an der Tür von einem startenden Flugzeug festhältst, einfach, weil es auf der Leinwand cool aussieht, ist das keine Courage, sondern Mut oder einfach nur Wahnsinn. Sorry, Tom – aber danke trotzdem, dass du uns mit deinen Mission-Impossible-Filmen so toll unterhältst.

Der letzte Aspekt von Courage ist, dass eine couragierte Handlung immer unsicher ist und persönlich für einen selbst negative Konsequenzen haben kann. Dieses klare Verständnis über Courage gibt uns Aufschluss darüber, wie sie sich trainieren lässt.

## Courage ist lernbar

Ich bin nicht der Erste, der sagt, dass Courage wichtig für Innovation ist. Jedoch hören die meisten Innovationsexperten an dieser Stelle auf. Sie stellen sich auf die TedX Stage, erzählen ein paar lustige Geschichten und sagen dann Sachen wie „Und deswegen brauchen wir mehr Mut in der Wirtschaft. Danke.“. Beifall und fertig. Doch dabei darf es nicht bleiben.

Oft wurde in den Berichten über den U-Bahn-Helden Autrey erwähnt, dass er früher bei der Navy war. Hatte er gelernt, sich tapfer, ehrenvoll und dennoch überlegt in risikoreichen Situationen zu verhalten? Geht es nach den Erkenntnissen der Psychologin Cynthia Pury, ist das wohl so, denn sie ist der Überzeugung, dass Courage lernbar ist.

Jeder einzelne Aspekt von Courage lässt sich manipulieren:

- Wir können die wahrgenommene Angst reduzieren.
- Wir können den Glauben an die eigenen Fähigkeiten stärken.
- Wir können das objektive Risiko reduzieren.
- Und wir können uns immer wieder an das höhere Ziel erinnern, um unsere eigene Courage und Motivation zu festigen.

Auch wenn die Wissenschaft zur Entwicklung von Courage noch in den Kinderschuhen steckt, können wir viel von der Forschung über Angststörungen lernen. Diese kann uns Wege aufzeigen, um Ängste zu überwinden.

Eine der wichtigsten Methoden der kognitiven Verhaltenstherapie, also um Menschen mit Angststörungen zu helfen, ist die Konfrontationstherapie (Englisch: exposure therapy).

## Konfrontiere die Angst

Der erste Schlüssel zu mehr Courage ist ein besserer Umgang mit der Angst. Die Konfrontationstherapie wird seit Jahrzehnen erfolgreich eingesetzt, um Menschen zu helfen, ihre Ängste zu überwinden und Mut wie einen Muskel zu trainieren. Oftmals wird dabei der angstauslösende Reiz graduiert gesteigert. Zum Beispiel wird einer Patientin, die Angst vor Schlangen hat, zuerst nur ein Foto einer Schlange gezeigt. Später schaut sie sich Schlangen in einem Terrarium an. Danach tritt sie vielleicht in einen Raum mit einer Schlange, jedoch mit gebührendem Abstand zu dieser. Und am Ende der Therapie fasst sie womöglich die Schlange mit den eigenen Händen an. Das Prinzip dahinter ist das „Verlernen" der Angst.

Professor Albert Bandura gilt als einer der fünf wichtigsten Psychologen des 20. Jahrhunderts. Er sagte, dass Erfahrungen, insbesondere Erfolge, die unter schwierigen Umständen erreicht werden, den größten Einfluss auf die eigene Selbstwirksamkeit (Englisch: self-efficacy) haben – den Glauben, dass man fähig ist, eine bestimmte Aufgabe zu erledigen oder ein Ziel zu erreichen.[70] Wenn du daher deine Courage steigern möchtest, musst du dir – ähnlich wie in der Verhaltenstherapie – Schritt für Schritt größere Herausforderungen suchen.

## Tägliches Training

Mit 14 Jahren schwor sich der gebürtige Chinese Jia Jiang, eine Software-Firma zu gründen, die so erfolgreich werden sollte, dass er mit 25 Jahren Microsoft aufkaufen würde.[71] Viele Jahre später, in den USA lebend, wurde er Vater. Zu diesem Zeitpunkt war Jiang Anfang 30 und realisierte, dass er nie auch nur eine seiner vielen Ideen umgesetzt hatte. Er erkannte, dass es ihm nicht an der Kreativität fehlte, sondern an Mut. Seine Angst vor Zurückweisung war so groß, dass er es nicht wagte, seine Ideen Menschen zu erzählen, weil diese sie schlecht finden könnten. Die Meinung anderer war sein Kryptonit. Seine Lösung: Er nahm sich von da an vor, jeden Tag eine Sache zu tun, die ihn Überwindung kostete und ihm dadurch helfen sollte, Schritt für Schritt seine sozialen Ängste abzubauen. Eine dieser selbst auferlegten Aufgaben seiner 100-Tage-Challenge war, bei irgendjemandem in Austin, Texas, zu klingeln, um zu fragen, ob er in dessen Garten Fußball spielen darf. Eine andere Aufgabe war es zum Beispiel, eine Mitarbeiterin bei Krispy Kreme zu fragen, ob sie ihm die Donuts in Form der olympischen Ringe servieren könnte. Jiang filmte jede Challenge und lud die Videos auf YouTube hoch. Insbesondere der Clip über die olympischen Ringe ging viral, da die Mitarbeiterin den Wunsch zu seiner Überraschung erfüllte. Schon wenige Wochen später wurde Jiang in amerikanische TV-Shows eingeladen und der Zappos-Gründer Tony Hsieh bat ihn, auf einer Konferenz zu sprechen. Innerhalb weniger Wochen hatte sich Jiangs Leben vollkommen verändert. Seine Erfahrungen veröffentlichte er in einem Ted Talk und verfasste ein Buch mit dem Titel *Rejection Proof*. Durch seine Challenge lernte er, seine sozialen Ängste abzubauen und taub gegenüber einem „Nein“ zu werden.

## Kompetenz führt zu Konfidenz

Je öfter du etwas schon gemacht hast, desto weniger Angst hast du davor. In der Regel verbessern sich auch dabei deine Fähigkeiten. Und je besser du etwas kannst, desto weniger Angst hast du. Jia Jiang hat beispielsweise durch seine Experimente gelernt, dass er ein Nein oftmals in ein Ja umwandeln konnte, wenn er eine einfache Regel befolgte: immer nach dem Warum für das Nein zu fragen. Wenn er verstand, was die andere Person zu dem Nein bewog, konnte er oft deren Ängste ausräumen und eine für beide Seiten gute Lösung finden.

Wenn wir wissen, was wir tun können, sollte das eintreten, was wir befürchten, erhöht das unsere Motivation und steigert die Courage. Aber wie kannst du das Vertrauen in die eigenen Fähigkeiten steigern, wenn es dir an Erfahrung mangelt?

Laut Albert Bandura kannst du deine Self-Efficacy, also das Vertrauen in die eigenen Fähigkeiten, auch dadurch stärken, indem du dich an Vorbildern orientierst, die ähnliche Erfahrungen gemacht haben und erfolgreich waren. Je mehr Gemeinsamkeiten du mit deinen Vorbildern hast, desto stärker ist der Effekt.[72] Dich mit den Werdegängen und Biografien von Gründern oder Intrapreneuren zu beschäftigen, die innovative Dinge erschaffen haben, wirkt sich positiv auf deine Self-Efficacy aus.

## Minimiere das Risiko

Innovationen haben ein Problem: Sie scheitern meistens. Wenn man das objektive Risiko reduzieren würde, bräuchte man auch weniger Mut für Innovation. Um das zu erreichen, gibt es zwei Wege:

1. Entweder betreibst du Innovation, die weniger risikoreich ist, zum Beispiel durch inkrementelle Verbesserung bestehender Produkte und Angebote. Diesen Weg schlagen viele Unternehmen intuitiv ein.
2. Oder du reduzierst das potenzielle Risiko risikoreicher Innovationen, indem du die bereits erwähnte Lean-Startup-Methodik verwendest.

Ein Kernprinzip von Lean Startup ist es, möglichst wie eine Wissenschaftlerin vorzugehen, die eigenen Annahmen zu hinterfragen und Hypothesen aufzustellen. Das Entscheidende dabei ist das Wissenschafts-Mindset.

Viele Start-ups und Corporate Innovation Teams behaupten, nach Lean Startup zu arbeiten. Doch es besteht ein gewaltiger Unterschied darin, nach welchen strengen Kriterien die Start-ups beim Testen vorgehen. Je mehr Strenge (Englisch: rigor) diese beim Testen an den Tag legen – das heißt, dass sie ihre Hypothesen sauber aufstellen und klare Entscheidungskriterien für das Annehmen und Verwerfen von Hypothesen entwickeln, statt dies intuitiv zu entscheiden –, desto erfolgreicher sind diese Start-ups darin, neue Geschäftsmodelle zu finden.[73] Warum? Wenn wir nicht aufpassen, spielen uns unser Ego, der Bestätigungsfehler (Englisch: confirmation bias) – also der Effekt, dass wir überall Bestätigung für das sehen, was wir schon vorher dachten – und das Wunschdenken einen Streich. Nur, wenn wir wirklich strikt sind und harte Kriterien für Entscheidungen aufstellen, können wir diese kognitiven Verzerrungen korrigieren.

Lean Startup kann, sofern es nicht nur als Buzzword verwendet wird, sondern Wissenschaftlichkeit und Rationalität in den Innovationsprozess bringt, das unangenehme Gefühl von Unsicherheit reduzieren und dadurch couragiertes Verhalten fördern.

## Mach dir das höhere Ziel bewusst

Sich das höhere Ziel bewusst zu machen, ist eines der wichtigsten Methoden, um die eigene Courage und Motivation zu erhöhen. Wir haben bereits gesehen, dass ein höheres Ziel ein Teil von Courage ist. Menschen sind mutiger, wenn es um etwas Wichtiges geht – wenn das, was sie machen, eine Bedeutung hat. Elon Musk hat einmal auf die Frage, warum er eine Raketenfirma gestartet hat, obwohl er selbst nicht unbedingt an den Erfolg glaubte, geantwortet: „Wenn etwas wichtig genug ist, tust du es, auch wenn die Chancen nicht zu deinen Gunsten stehen.“[74] Im Gegensatz dazu wird es eine Innovation, die kein höheres Ziel verfolgt, immer schwer haben. Denn zu irgendeinem Zeitpunkt muss jemand ein Risiko eingehen. Daher ist es wichtig, im Innovationsprozess das Warum einer Idee klar herauszuarbeiten.

„Eine klare Verbindung zum persönlichen Ziel schafft eine natürliche Basis für intrinsische Motivation“, sagt der Innovationsexperte Philip Horváth.[75] Früher hat es gereicht, die strategische Ausrichtung und die Fähigkeiten einer Firma mit einer

Innovation in Einklang zu bringen. Lean Startup und Design Thinking haben die Ausrichtung mit den Kundenbedürfnissen ins Zentrum gestellt. Doch heutzutage reicht auch das nicht mehr aus. Eine Innovation muss auch in Verbindung mit der persönlichen Motivation des Innovationsteams stehen.[76] Je klarer und stärker das Warum ist, desto größer ist die intrinsische Motivation. Ein Fokus auf das Warum verändert die Perspektive und kann das Gefühl von Unsicherheit in etwas Positives und Aufregendes umframen.

## Suche das Unbehagen

Mit 28 Jahren war Arnold Schwarzenegger bereit sechsmaliger Mister Olympia. Er hatte alles erreicht, was es in der Bodybuilding-Welt zu erreichen gab. Der Dokumentarfilm *Pumping Iron* gab zum ersten Mal Einblicke in die Welt des Bodybuilding-Hypes in Kalifornien der 1970er-Jahre. Aber er gewährte auch einen Blick in die Mentalität von Schwarzenegger, der im Fokus der Dokumentation stand.[77] Er liebte es, zu polarisieren, und beschrieb das Gefühl, hart zu trainieren, in dem Film wie folgt: „Das tollste Gefühl, das du in einem Fitnessstudio bekommen kannst, ist der Pump. Nehmen wir an, du trainierst deinen Bizeps. Das Blut strömt in deine Muskeln, und das nennen wir den Pump. Deine Muskeln spannen sich an, als würde deine Haut jeden Moment explodieren, und es ist, als würde jemand Luft in deinen Muskel pusten, und er bläht sich einfach auf und es fühlt sich anders an. Für mich ist das genauso befriedigend wie ein Orgasmus."

Ok, zum einen wollte Schwarzenegger vor allem Aufmerksamkeit erzeugen, und er hatte keine Angst davor, ausgefallene Dinge dafür vor der Kamera zu sagen. Zum anderen gibt diese Aussage auch sehr viel Aufschluss darüber, wie jemand denkt, der jahrelang sechs Stunden pro Tag hart trainiert hat. Schwarzenegger hatte sich intuitiv eine der wichtigsten Reframing-Strategien, die Psychologen kognitive Neubewertung nennen, zu eigen gemacht. Jemand, der nur das Endziel, zum Beispiel den Mister-Olympia-Titel, als positiv, den Weg dahin aber, der von täglicher Schufterei geprägt ist, negativ bewertet, hat nicht die nötige Ausdauer. Doch, wenn du etwas Unangenehmes mental in etwas Positives framst, kann das sehr motivierend sein.

## Sei der dümmste Mensch im Raum

Menschen lieben es, richtig zu liegen. Wer ist schon nicht etwas rechthaberisch? Also ich bin es. Und wenn du mir in einem Feedback zu diesem Buch schreibst, dass ich etwas falsch dargestellt oder nicht korrekt zitiert habe, wird mir das bestimmt nicht gefallen. Also schreib mir lieber etwas Nettes, wenn ich dich mögen soll. Etwas nicht zu wissen, oder noch schlimmer, falsch zu liegen, ist einfach peinlich. Doch der Autor und Podcaster Tim Ferris hat sich vorgenommen, das umzudrehen. Er sagt, dass er mindestens einmal am Tag der dümmste Mensch im Raum sein möchte. Normalerweise tun wir alles, um genau das zu vermeiden – uns dumm zu fühlen. Doch, indem Ferris dieses Gefühl sucht, verändert er die Bedeutung von Dummsein in etwas Positives: Denn derjenige, der dumme Fragen stellt, ist der, der dazulernt. Jener hingegen, der vorgibt, alles zu wissen, ist der, der nichts dazulernt.[78]

## Die Angst umframen

Sicherlich kennst du das Gefühl: Gleich musst du eine wichtige Präsentation halten, doch trotz aller Vorbereitung bist du nervös. Du atmest tief durch und versuchst, dich zu beruhigen. Irgendwann hat dir mal deine ehemalige Geografielehrerin vor deinem Referat über die Serengeti diesen Tipp gegeben: „Tief durchatmen." Tatsächlich glauben 90 % der Menschen, dass tiefes Durchatmen die beste Strategie bei Aufregung ist. Es gibt allerdings eine viel bessere Strategie, die Angst zu managen, statt sich zu beruhigen.

Angst ist ein intensives Gefühl, das sich im Körper bemerkbar macht. Die Forscherin Alison Wood Brooks hat untersucht, ob es einen besseren Ratschlag gibt, als sich zu beruhigen.[79] Eine von ihr durchgeführte Studie mit 140 Studierenden brachte dazu bahnbrechende Erkenntnisse. Sie gab den Teilnehmenden der Studie die Aufgabe, einen zwei- bis dreiminütigen Vortrag darüber zu halten, warum man eine gute Arbeitspartnerin oder ein guter Arbeitspartner sei. Nach der Vorbereitung, jedoch noch vor dem Halten des Vortrags, wurden die Teilnehmenden zufällig in Gruppen eingeteilt. Die Teilnehmenden der einen Gruppe sollten vor dem Vortrag „Ich bin begeistert" („I'm excited") und die Teilnehmenden der anderen Gruppe „Ich bin ruhig" („I'm calm") sagen. Dann präsentierten sie ihre Vorträge vor der Kamera. Die gefilmten Vorträge wurden später einer in die Hypothese nicht eingeweihten Jury gezeigt und von dieser codiert. Das Ergebnis war eindeutig: Die Teilnehmenden der Studie, die zuvor sagten, dass sie „begeistert" wären, hatten nicht nur weniger Angst. Sie waren auch überzeugender, selbstsicherer und ausdauernder bei ihren Präsentationen als die Teilnehmenden, die sich vor dem Vortrag beruhigten.

Eine Folgestudie mit einem Mathe-Test zeigte ähnliche Ergebnisse. Wenn die Teilnehmenden zuvor sagten, dass sie „begeistert" wären, fielen ihre Ergebnisse in diesem Test deutlich besser aus als die in der „Ich bin ruhig"-Gruppe. Sich zu sagen „Ich bin ruhig", ist nicht kongruent mit den körperlichen Signalen (schneller Herzschlag, Zittern etc.), die man empfindet. Sich zu sagen „Ich bin begeistert" ist ein positives Reframen der Angst, was kongruent mit der diffusen Emotion von Aufgeregtheit ist.

## Das Unbehagen ist das Ziel

Wer persönliches Wachstum erreichen will, muss oftmals seine Komfortzone verlassen und lernen, Unbehagen auszuhalten. Ebenso haben es Veränderer in Organisationen schwer. Wenn du dein Konzept vor Fremden präsentieren musst, du von jemandem hörst, dass dein Projekt nicht überzeugt, oder dein Plan nicht wie gewollt aufgeht, ist das alles nicht besonders angenehm. Doch, was wäre, wenn Menschen das Unbehagen aktiv suchen würden, statt es nur zu tolerieren? Würde sich das Unbehagen dadurch automatisch in etwas Positives verwandeln?

Die Forscherinnen Ayelet Fishbach und Kaitlin Woolley haben genau diese Frage untersucht. Bei einem Experiment mit Schülern einer Impro-Theaterschule waren die Teilnehmenden motivierter, mutiger und ausdauernder, wenn ihnen zuvor gesagt wurde, dass sich unbehaglich zu fühlen, ein Zeichen dafür ist, dass die Übung funktionierte. Das Ergebnis konnte repliziert werden bei einer Gruppe, die über emotionale Erlebnisse schreiben sollte. Ebenso waren die Teilnehmenden eines anderen Experiments offener gegenüber anderen politischen Ansichten, wenn sie aktiv nach dem Unbehagen suchten.[80]

## Sei verliebt in schwierige Probleme

Mit mehr als einer Milliarde aktiven monatlichen Nutzern gilt Google Maps als eines der erfolgreichsten Produkte des Suchgiganten Google.[81] Eine Welt ohne Google Maps ist heute kaum noch vorstellbar: Du bist in einer fremden Stadt und willst schnell von A nach B – und Google Maps zeigt dir in ein paar Millisekunden die beste Route, egal, ob mit Pkw, zu Fuß oder mit den öffentlichen Verkehrsmitteln (ÖPNV). Dabei war das nicht immer so. Ein Freund von mir, Raphael Leiteritz, der lange bei Google gearbeitet hat und dort als Product Manager entscheidend an der Entwicklung von Google Maps beteiligt war, erzählte mir: „Das, was Google ausmacht, ist das Verliebtsein in harte Probleme."[82] Als Google zum ersten Mal versuchte, Routen zu berechnen, die den ÖPNV berücksichtigten, dauerte das viel zu lang. Während die Verbindung mit dem Pkw in ein paar Millisekunden berechnet war, dauerte die Berechnung von Bus und Bahn bis zu 30 Sekunden – was natürlich eine gefühlte Ewigkeit im Internet bedeutet. Aber Hunderte von Fahrplänen, Verspätungen und Ausfällen in wenigen Millisekunden auszuwerten, schien unmöglich. Doch das Team gab nicht auf. Man schnappte sich die beste Forscherin auf dem Gebiet zur Unterstützung und ließ sie monatelang an dem Problem arbeiten – obwohl ich davon ausgehe, dass sie hin und wieder das Büro verlassen durfte, um etwas zu essen. Nachdem es lange so aussah, als ob die Idee beerdigt werden müsste, hatte sie die Lösung.

Das Verliebtsein in harte Probleme ist eine tolle Formulierung, die mich seitdem nicht mehr losgelassen hat. Denn, was wird typischerweise getan, um eine sogenannte Innovationskultur zu schaffen? Unternehmen kopieren das „Look and Feel" von Google. Sie bauen ihre Büros in bunte, offene und verspielte Gemeinschaftsbüros um, sodass sie aussehen wie das IKEA-Småland-Kinderparadies für Innovationsmanager. Natürlich spricht nichts dagegen, Büros offener und bunter zu gestalten. Würde mir jemand eine Rutsche in mein Büro bauen, würde ich bestimmt nie wieder den Lift nach unten nehmen. Und dass Symbole, Bilder und die Umgebung aufgrund des Priming-Effekts tatsächlich einen messbaren Unterschied für die Kultur machen, werden wir in Kapitel 6 noch genauer beleuchten.

Entscheidender für die Innovationskultur ist jedoch, wie Innovation in einer Organisation geframt ist. Es gibt viele Unternehmen, die nur die Strategie der Low-Hanging-Fruits verfolgen und jede Idee, die schwierig erscheint, schnell in der Schublade verschwinden lassen. Wenn jedoch eine Firma von sich sagt „Wir lieben harte Probleme", ist das ein klares Bekenntnis für Innovation und framt Probleme in etwas Motivierendes um.

## Die Kosten des Nichtstuns

Auf die Frage, was die schlechteste Investition war, die er je gemacht habe, antwortete der bekannte Investor Warren Buffett: „Die größten Fehler sind die, die man nicht sieht. Es sind eher Unterlassungs- als Begehungsfehler."[83]

Das ist eine der wichtigsten Lektionen für gute Entscheidungen. Menschen bereuen es eher, wenn sie etwas getan haben und es sich im Nachhinein als Fehler herausgestellt hat, als wenn sie etwas Sinnvolles oder Gutes unterlassen haben. Wir haben das Phänomen des Omission-Bias bereits beim Spiel mit den drei Toren (Monty-Hall-Problem in Kapitel 1) kennengelernt. Aber warum gibt es diesen Omission-Bias? Professor Daniel Kahneman sagt, der Grund für diese kognitive Verzerrung ist, dass wir etwas, das wir tatsächlich getan haben, leichter mental rückgängig machen können. Wir können es leichter bereuen. Etwas, das wir nicht getan haben, beschäftigt uns in der Regel nicht weiter.

Um diese Verzerrung aufzuheben, lohnt es sich, wenn du dir daher folgende Frage stellst: Was sind die Kosten oder Nachteile, wenn ich dieses oder jenes nicht tue? Wenn du dir bewusst machst, dass das Nichtstun auch eine Entscheidung ist, die Risiken und Nachteile in sich birgt, wirst du in Zukunft womöglich couragierter entscheiden.

## Die Vorteile eines Versuchs

Ich gründete meine erste Firma PaperC, eine digitale Fachbuchplattform, mit 25 Jahren, und wie die meisten jungen Gründer machte ich vieles falsch. Unser Markt (Studierende) war schwierig. Wir setzten zu Beginn auf die falsche Technologie (Action-

Script). Und ich kannte einen meiner Mitgründer kaum. Verrückt war auch, dass gleich zwei unserer Business Angels, die in unsere Firma investierten, Zahnärzte waren, die selbst nicht viel vom Internet verstanden, aber trotzdem gerne Ratschläge gaben. Und ich habe als Entschädigung dafür noch nicht einmal kostenlose Keramikkronen bekommen. Aber, was sollten wir machen? Mitten in der Finanzkrise 2009 waren wir froh, dass überhaupt jemand Geld in unser Start-up investierte. Ein paar Jahre später hatte sich unsere Firma in etwas verwandelt, das man als Living-Dead-Startup bezeichnet: Wir schleppten uns von Monat zu Monat und verbrannten weiter Geld. Also entschied ich, das Start-up nach vier Jahren zu verlassen. Und auch, wenn man rückblickend sagen kann, dass mein erstes Start-up scheiterte, überwiegt dennoch die Freude, es gemacht zu haben.

Etwas zu versuchen, kann eine Reihe unvorhergesehener Vorteile haben. Der Entscheidendste ist das Lernen. Daraus wiederum resultiert ein gesteigertes Vertrauen in die eigenen Fähigkeiten. Ich hatte Geld eingesammelt, Deals mit großen Firmen gemacht, Mitarbeitende eingestellt und Vorträge vor Hunderten von Menschen gehalten und so jeden Tag Neues gelernt.

Auch ein Innovationsprojekt, das offiziell scheitert, kann dennoch neue Kompetenzen aufbauen oder die Kultur positiv verändern. Wann immer du vor einer schwierigen Entscheidung stehst, mache dir die Vorteile eines Versuchs oder eines Teilerfolgs bewusst. Scheitern und Erfolg sind nicht so schwarz und weiß, wie sie einem oft erscheinen.

## Die Fear-Setting-Methode

Ängste können mächtige Emotionen sein, die uns davon abhalten, unsere Ziele zu erreichen. Die Fear-Setting-Methode kann dir dabei helfen, deine Ängste zu identifizieren, damit du sie überwinden und deine Ziele erreichen kannst. Fear Setting ist eine Technik, die von Tim Ferris entwickelt wurde. Sie hilft, deine Ängste besser zu verstehen. Du kannst die Methode bei wichtigen Entscheidungen im Geschäftsleben, aber auch bei privaten Entscheidungen anwenden.[84]

Der Prozess umfasst fünf Schritte:

1. Definieren
   Erstelle eine Liste von Dingen, die dir Angst bei deiner Entscheidung machen. Was kann alles schiefgehen? Was sind die Negativszenarien und was wären die Konsequenzen? Schreibe so viele Dinge auf, wie dir einfallen. Die Forschung bestätigt, dass allein das Konkretisieren der Angst dazu führt, dass die Angst an Macht verliert.[85]

2. Verhindern
   Überlege dir zu jedem einzelnen Angstauslöser bzw. Negativszenario einen Plan, um das Schlimmste zu verhindern. Wenn du jetzt schon weißt, was du tun könntest, um das Scheitern zu verhindern, wächst deine Self-Efficacy und dadurch auch deine Courage.

3. Reparieren
   Überlege dir, was du machen kannst, wenn das von dir jeweils befürchtete Ergebnis tatsächlich eintritt. Was kannst du im jeweiligen Negativszenario tun? Auch, wenn du das Scheitern nicht immer abwenden kannst, gibt es dennoch Strategien, um den schlimmsten Ausgang abzumildern.

4. Die Kosten des Nichtstuns
   Das Thema Omission-Bias hatten wir bereits. Was sind die Kosten bzw. welche Konsequenzen hat es, wenn du die Entscheidung auf die lange Bank schiebst und du nichts tust?

5. Die Vorteile eines Versuchs oder Teilerfolgs
   Welche finanziellen, emotionalen oder sonstigen Vorteile hat es, wenn du es versuchst, auch, wenn der große Erfolg ausbleibt?

Warum ist Fear Setting so effektiv? Fear Setting ermöglicht es, Ängste zu konkretisieren und von verschiedenen Perspektiven zu beleuchten. Jeder einzelne Schritt im Prozess lässt die Entscheidung in einem anderen Licht erscheinen.

Fear Setting macht von der Kraft negativer Gedanken Gebrauch. Laut Organisationspsychologe Adam Grant hilft es vielen Menschen, sich ein Negativszenario in allen Details auszumalen, um sich besser vorbereiten zu können. Indem wir einen Back-up-Plan haben, können wir uns sicherer fühlen, Risiken einzugehen und unsere Ziele zu verfolgen.[86]

Nutze deshalb beim nächsten Mal, wenn du dich ängstlich fühlst, die Fear-Setting-Methode. Du wirst überrascht sein, wie deine Courage wächst, wenn du deine Ängste detailliert aufschreibst.

## Psychologische Sicherheit

Natürlich geht es nicht nur um die eigene Courage. Wichtig ist auch eine Unternehmenskultur, die „dumme" Fragen, ausgefallene Vorschläge und Fehler zulässt. In den letzten Jahren ist daher der Begriff der psychologischen Sicherheit (Englisch: psychological safety) immer häufiger aufgetaucht. Große Aufmerksamkeit erlangte das Thema, als Google die Leistungsfähigkeit ihrer Teams analysierte und feststellte, dass psychologische Sicherheit der wichtigste Faktor für Team-Performance war.[87] Der Begriff wurde von Harvard-Business-School-Professorin Amy C. Edmondson geprägt. In einem psychologisch sicheren Umfeld fühlen sich Mitarbeitende akzeptiert, respektiert und wertgeschätzt. Sie haben das Vertrauen, dass sie ihre Meinungen und Ideen offen teilen können, ohne Angst vor Kritik, Demütigung oder Bestrafung zu haben.

Psychologische Sicherheit fördert eine offene Kommunikation, den Austausch von unterschiedlichen Perspektiven und die Zusammenarbeit im Team. Eine positive Fehlerkultur ist wichtig, um psychologische Sicherheit zu fördern. Mitarbeitende sollten ermutigt werden, aus Fehlern zu lernen, statt zu fürchten, dafür bestraft oder kritisiert zu werden.

Am besten schaffst du diese Kultur, wenn du proaktiv über deine eigenen Fehler sprichst. Wenn du dich näher mit psychologischer Sicherheit beschäftigen möchtest, dann sei dir das Buch *Die angstfreie Organisation*[88] von Edmondson empfohlen.

## Courage lernen

Jetzt habe ich viel über Courage erzählt, doch das Beste kommt wie so häufig zum Schluss. Courage aus einem Buch zu lernen, ist ungefähr so erfolgversprechend wie den ganzen Tag Six-Minute-Killer-Ab-Workout-Videos zu schauen, um Bauchmuskeln aufzubauen. Statt zu lesen, wie jemand sich 100 Tage lang Ablehnungsübungen ausgesetzt hat, ist es schlauer, selbst die eigene Komfortzone zu verlassen. Dazu musst du eine Sensibilität dafür entwickeln, was dir Angst macht, und dich graduell diesen Ängsten stellen.

Du hast Angst mit fremden Menschen zu sprechen? Dann mach es! Du hast Angst davor, allein zu sein? Dann verbringe eine Woche allein zu Hause und kommuniziere mit niemandem – keine E-Mail, kein Telefon, kein Social Media. Du hast Angst davor, dich zu blamieren? Dann mach einen Hip-Hop-Tanzkurs! (Ich vermute jetzt einfach mal, dass du dich beim Hip-Hop-Tanzen blamierst. Falls nicht, dann schick mir gern ein Video. Ich schau es mir an.) Was auch immer es ist – du weißt es selbst am besten. Und mit ein paar Tricks, wie beispielsweise kognitiver Neubewertung und gradueller Steigerung, kannst du deine Ängste überwinden. Dabei gibt es nur eine Schwierigkeit: deine Komfortzone. Denn deine Komfortzone ist wie ein Kuschelbett auf Panzerketten. Sie ist unglaublich bequem und gleichzeitig unaufhaltsam. Ehe du dich versiehst, hat sie dich wieder eingefangen. Und genau deswegen habe ich einen zu diesem Buch komplementären Kurs entwickelt. Gehe dazu auf: www.psychology-innovation.com

Im Online-Kurs lernst du, all die in diesem Buch vorgestellten Konzepte anzuwenden.

Courage ist wichtig für kreatives Denken, für das Ausprobieren unsicherer Dinge und für große Visionen außerhalb der Box. Wer seine Courage nie trainiert hat, wird es schwer haben. Denn, wer innovativ sein will, benötigt sie zwingend. Große Ideen brauchen jedoch nicht nur Mut, sondern auch sehr langfristiges Denken. Im nächsten Kapitel lernst du daher, dich mit der Zukunft zu beschäftigen, und erfährst, strategische Wendepunkte besser vorherzusagen.

### DIE WICHTIGSTEN ERKENNTNISSE DIESES KAPITELS

1. Angst ist der größte Feind von Innovation, aber kaum jemand spricht darüber.
2. Das, woran es in der Innovation oft fehlt, ist Courage.
3. Courage ist das bewusste Verfolgen eines lohnenswerten Ziels, trotz der Wahrnehmung einer persönlichen Bedrohung und eines ungewissen Ausgangs.
4. Mit der Konfrontationstechnik kannst du deine Courage Schritt für Schritt aufbauen.

5. Mach dir das höhere Ziel bewusst, um deine Courage zu steigern.
6. Nutze kognitive Neubewertung, um deine Ängste in etwas Positives zu reframen.
7. Suche das Unbehagen aktiv und verwandle es somit in etwas Positives um.
8. Nutze die Fear-Setting-Methode bei wichtigen Entscheidungen, um deine Ängste zu konkretisieren, die Kosten des Nichtstuns zu bemessen und dir die Vorteile eines Versuchs klarzumachen.
9. Trainiere deine Courage statt nur über Courage zu lesen, um radikal innovieren zu können.

---

KAPITEL 4

# DIE MACHT DER LANGFRISTIGEN PERSPEKTIVE

Radikale Innovationen brauchen mutiges und vor allem langfristiges Denken. Inkrementelle Innovationen kannst du schnell umsetzen. Aber, wenn du wirklich Dinge verändern möchtest, musst du dich jetzt mit den Dingen von morgen beschäftigen. Das braucht Kreativität (Kapitel 2) und Mut (Kapitel 3). Es braucht aber auch eine vorausschauende Perspektive.

In diesem Kapitel zeige ich dir, wie du eine Intuition für exponentielle Entwicklungen aufbaust und relevante strategische Wendepunkte frühzeitig identifizierst. Des Weiteren lernst du auf den folgenden Seiten, wie man eine Kultur des langfristigen Denkens in einer Firma etabliert.

## Relevante Entwicklungen vorherzusehen, ist schwierig

> **Wir überschätzen immer die Veränderungen, die in den nächsten zwei Jahren stattfinden werden, und unterschätzen die Veränderungen, die in den nächsten zehn Jahren stattfinden werden.**
>
> BILL GATES, MITGRÜNDER VON MICROSOFT

Ich diskutierte mit dem Management eines Logistikunternehmens darüber, welche Gefahr von Peer-to-Peer-Logistik ausgeht. Die Frage war ganz konkret: Was wäre, wenn ein Unternehmen mit dem Geschäftsmodell von Uber den Logistikmarkt aufmischen würde? Tatsächlich gab es bereits ein paar Start-ups, die Freikapazitäten vermittelten, statt selbst teure Container und Lastwagen zu besitzen. Doch ein Manager des Logistikunternehmens meinte dazu nur beiläufig: „Die machen doch nicht mal zwanzig Fahrten pro Tag!“ Ähm, ja. Was sollte ich dazu sagen?

Die bloße Betrachtung absoluter Daten macht bei exponentiellen Entwicklungen wenig Sinn. Nicht, dass ich die genaue Datenlage kannte, dennoch war eine exponentielle Entwicklung nicht auszuschließen. Wenn die Leute hören, dass man beispielsweise ein Blatt Papier nur 45-mal falten müsste, um (theoretisch) den Mond zu erreichen, sind die meisten Menschen verblüfft. Uns fehlt jedes Gespür für das exponentielle Wachstum – in diesem Fall für die Zunahme der Dicke eines dünnen Blatt Papiers mit jeder Verdopplung.[89] Du kannst es ja mal selbst ausprobieren. Aber bitte nicht am Papier schneiden und mich deswegen verklagen. Wenn das belächelte Start-up beispielsweise in der Vorwoche noch zehn Fahrten pro Tag machte und jetzt bereits bei 20 täglichen Fahrten war, kann das in ein paar Monaten richtig, richtig viel werden. Doch diese Intuition fehlt uns.

## Geschäftsmodelle können exponentiell wachsen

Ein Jahr nach der Gründung hatte Airbnb praktisch keine nennenswerten Zahlen oder das, was im Start-up-Jargon „Traction“ genannt wird, vorzuweisen. Weniger als 40 Wohnungsangebote fanden sich auf der Plattform und das Unternehmen machte gerade einmal 800 US-Dollar Umsatz – pro Monat![90] Das war so wenig, dass die Gründer ein Nebengeschäft aufziehen und ihr eigenes Müsli in witzig gestalteten Verpackungen mit den damaligen Präsidentschaftskandidaten Barack Obama und John McCain verkaufen mussten, um sich über Wasser halten zu können. Dann gab ihnen der Start-up-Guru Paul Graham folgenden Ratschlag um Airbnb zum Erfolg zu führen: „Macht Dinge, die nicht skalieren!“[91]

Die Gründer nahmen sich den Ratschlag zu Herzen und trafen sich mit fast jedem ihrer 100 Nutzer. Danach knackten sie den Code zum Wachstum der Plattform. Sie erkannten, dass die Fotoqualität entscheidend war für mehr Buchungen. Wohnungsangebote mit professionellen Fotos hatten doppelt so viele Buchungen wie andere Anzeigen.

Die ersten Fotos machten die Gründer selbst mit von Freunden geliehenem Profi-Equipment. Erst später kümmerten sie sich um die Skalierung dieser Erkenntnis. Diese und weitere Ideen führten dazu, dass Airbnb exponentiell zu wachsen begann. Daraus entwickelte sich ein Wachstumskreis, auch Schwungrad (Englisch: flywheel) genannt. Mehr Gäste, die übernachteten, wurden selbst zu Gastgebern, die ihre freien Zimmer und Wohnungen auf der Plattform anboten. Und mehr angebotene Zimmer machten die Plattform wiederum attraktiver für neue Gäste.[92]

Plattformgeschäftsmodelle wie Airbnb haben einen wachsenden Kundennutzen. Je mehr Gastgeber die Plattform nutzten, desto attraktiver ist sie für die Gäste, die nach Unterkünften suchen und umgekehrt. Airbnb hat zwar Hotels nicht verschwinden lassen, jedoch ist das Unternehmen trotz Konsolidierungsphase und einer weltweiten Pandemie zu einem der größten Unternehmen der Tourismusbranche aufgestiegen. Heute ist es an der Börse wertvoller als die größte Hotelkette der Welt, Marriott International.[93] Doch selbst eineinhalb Jahre nach der Gründung hatte Airbnb noch die besten Aussichten, ein gigantischer Flop zu werden.

## Fehlende Intuition für exponentielle Entwicklungen

Wir Menschen haben die Tendenz, dass wir uns Entwicklungen über einen längeren Zeitraum schwer vorstellen können. Wir alle erleben jeden Tag, wie sich die Welt exponentiell entwickelt. Dennoch hat das kaum Auswirkungen auf unsere Prognosen für die Zukunft. Der Futurist Ray Kurzweil nennt das den intuitiven, linearen Blick, der im Kontrast zum historischen exponentiellen Blick steht: „Die Menschen gehen davon aus, dass wir in den nächsten 50 Jahren 50 Jahre Fortschritt mit der heutigen Geschwindigkeit erleben werden."[94] Dabei zeigt sowohl der Blick in die Geschichte (dunkle Erinnerungen an einen verregneten Sonntag im Historischen Museum) als auch die eigene Erfahrung, dass sich die Entwicklung immer mehr beschleunigt. Beispielsweise hatte 1985 der damals schnellste Supercomputer der Welt, der CRAY-2, eine Rechenleistung von 1,9 GIGAFLOPS.[95] Zum Vergleich hatte das iPhone 14 Pro aus dem Jahr 2022 bereits 2 TERAFLOPS und damit die etwa 1000-fache Leistung bei einem Bruchteil von Größe, Gewicht, Energieverbrauch und natürlich Kosten. Diese Entwicklung fand in weniger als 40 Jahren statt – angesichts der Geschichte der Menschheit ist das ein Wimpernschlag.

Exponentielle Entwicklungen sind für uns einfach sehr schwer vorstellbar, selbst dann, wenn sie vor unserer Nase ablaufen. Denn unser lineares Denken ist das Denken mit System 1. Du kannst aber lernen zu erkennen, wann du nicht deinem ersten Impuls folgen und wann du stattdessen mit System 2 denken solltest (Kapitel 1).

## Exponentielle Entwicklungen erzeugen Wendepunkte

> Der Moment, in dem du über die reichhaltigsten, vertrauenswürdigsten Informationen verfügst, ist oft der Moment, in dem du die wenigsten Möglichkeiten hast, die Geschichte, die diese Informationen erzählen, zu ändern.
>
> RITA MCGRATH, PROFESSORIN FÜR STRATEGISCHES MANAGEMENT

Als Mitte der 1990er-Jahre das Internet Medien, Kommunikation und Handel revolutionierte, geschah dies für viele Menschen komplett überraschend. Als hätte man sie nachts mit einem Eimer Wasser aus dem Tiefschlaf geholt, reagierten einige mit blasser Angststarre, andere mit wildem Aktionismus. Tatsächlich fühlte sich die Nutzung des Internets durch das Aufkommen der ersten Internetbrowser wie Mosaic und Netscape Navigator wie eine Explosion an – jedoch nur bei Betrachtung der absoluten Zahlen. Schaut man hingegen die Anzahl an Internethosts auf einem exponentiellen Diagramm ab den 1970er-Jahren an, war das Internet als Phänomen überhaupt nicht so überraschend. In Wahrheit ist das exponentielle Wachstum des Internets bereits ab den späten 1990er-Jahren gesunken. Kurzweil schrieb dazu auf seinem Blog im Jahr 2001: „Beachte, dass die Explosion des Internets im linearen Diagramm eine Überraschung zu sein scheint, im exponentiellen Diagramm aber vollkommen vorhersehbar war."[96] Als nur 1 Million Menschen das Internet nutzten, erzeugte das noch keinen Wendepunkt, doch als es 100 Millionen Menschen waren, schon. Die Entwicklung von 1 Million zu 100 Millionen Internethosts dauerte jedoch nicht einmal zehn Jahre.[97]

Wer Entwicklungen über einen längeren Zeitraum beobachtet, wird von strategischen Wendepunkten (Englisch: strategic inflection points) nicht überrascht. Ein strategischer Wendepunkt verändert die grundlegenden Annahmen, auf denen ein Geschäft aufbaut. Der ehemalige Intel-CEO und Management-Denker Andrew S. Grove definierte es so: „Ein strategischer Wendepunkt ist ein Zeitpunkt im Leben eines Unternehmens, an dem sich seine Grundlagen ändern werden. Dieser Wandel kann eine Gelegenheit sein, zu neuen Höhen aufzusteigen. Er kann aber genauso gut den Anfang vom Ende bedeuten."[98]

## Exponentielle Entwicklungen haben gleich zwei Probleme

Am Anfang scheint die Entwicklung unauffällig und vernachlässigbar. Sie rutscht durch unsere Alarmfilter durch. Das ist das Problem 1. Ein zweimal gefaltetes Papier sieht nicht aus wie ein

Space Elevator. Ein Start-up, das Müsli verkaufen muss, um sich über Wasser zu halten und 800 Dollar Umsatz im Monat macht, bedroht keine Hotelkette. Und ein paar Unis, die sich vernetzen, lassen nicht erahnen, dass sie eine der größten Disruptionen der Wirtschaft – das Internet – auslösen werden.

Doch nach dem Wendepunkt gibt es kein Halten mehr. Das ist das Problem 2. Es würde einen gewaltigen Unterschied ausmachen, ob ich ein Blatt Papier 44- oder 45-mal falte. Airbnb war bereits zwei Jahre nach seiner Gründung praktisch nicht mehr aufzuhalten, trotz Dutzender Konkurrenten auf der ganzen Welt und politischer Widerstände. Und das Internet veränderte ab Mitte der 1990er-Jahre fast jeden Bereich unserer Gesellschaft. Das Problem 2 führt dazu, dass es extrem schwierig wird, aufzuholen, wenn wir den Wendepunkt verpasst haben. Das bedeutet aber nicht, dass es unmöglich ist.

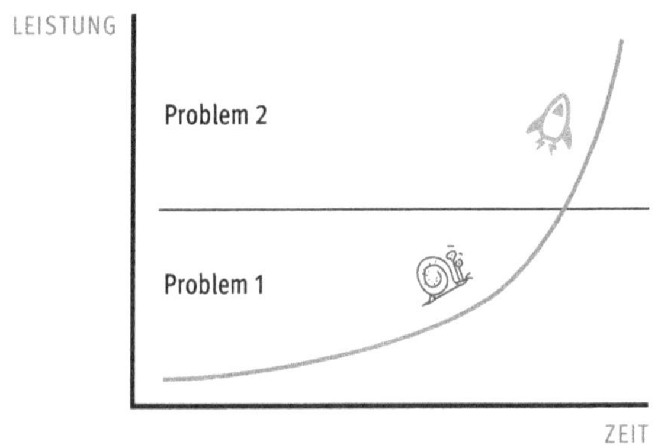


Diese zwei Probleme machen es schwierig, den zuckersüßen Sweetspot zu treffen. Was heißt schwierig? Es ist nahezu unmöglich, außer mit etwas Glück. Das heißt aber nicht, dass du es nicht versuchen solltest. Denn schon die Erkenntnis, dass es einen Wendepunkt geben wird, ist wertvoll – selbst dann, wenn die Prognose über den Zeitpunkt falsch ist. Der Wert liegt darin, dass du dich aktiv mit der Zukunft beschäftigst. Du kannst Konsequenzen rechtzeitig bewerten und Veränderungen sowie Investitionen frühzeitig anstoßen. Natürlich bleibt das Risiko, dass du dich mit Dingen zu früh beschäftigst, die später oder vielleicht auch nie relevant werden. Aber was ist die Alternative?

## Fehlerhafte Prognosen

> **Es ist schwierig, Vorhersagen zu machen, besonders für die Zukunft.**
>
> DÄNISCHES SPRICHWORT

Das Schönste an Prognosen ist, dass sie meist falsch sind. Das Zweitschönste? Sie sorgen zuverlässig für Schmunzeln, wenn du ein paar in deinen Innovationsvortrag einbaust.

Dass der Chairman von IBM Thomas Watson im Jahr 1943 prognostizierte, dass in Zukunft der Weltmarkt wahrscheinlich nicht größer als fünf Computer sein wird, hat fast jeder schon mal gehört.[99] Obwohl man argumentieren könnte, dass die Prognose gar nicht mal so schlecht war. Falls der gute Herr nämlich auf Amazon Web Services, Microsoft Azure und Google Cloud anspielen wollte, gibt es eigentlich nur drei große Computer weltweit, denn die drei Tech-Giganten beherrschen zwei Drittel des Weltmarkts von Cloud-Computing. Dem IBM-Konzern hat die „geniale" Prognose von Watson dennoch nichts genützt. Sie haben heute nur 3 % Marktanteil im Cloud-Markt. Aber es gibt natürlich noch andere Volltreffer.

So hatte die berühmte Unternehmensberatung McKinsey dem Telekommunikationskonzern AT&T in den 1980ern geraten, nicht in das Geschäft mit Mobiltelefonen einzusteigen. Ihre Begründung war, dass man mit weniger als 1 Million verkauften Mobiltelefonen bis zum Jahr 2000 rechne. In Wahrheit waren es am Ende um die 100 Millionen im Jahr 2000. AT&T hatte eine der größten Geschäftschancen der Geschichte verpasst.[100] Die Rechnung für die Beratungsleistung zuzüglich der Spesen für ein feines Essen musste AT&T wahrscheinlich dennoch zahlen.

## Der Zeit voraus zu sein, ist nicht immer schlecht

Technologische Entwicklungen lassen sich aber nicht nur unter-, sondern auch überschätzen. Die Geschichte von Google Glass hat es in dieser Hinsicht zum modernen Klassiker geschafft. Google Glass wurde im Jahr 2013 von Google lanciert und als die nächste Evolutionsstufe des Computers und des Smartphones angepriesen. Die Vision von Google war es, dass sich jeder für nur 1500 Dollar in einen lustigen Business Cyborg verwandeln könne. Doch abgesehen von einigen Fehlern bezüglich berechtigter Sorgen hinsichtlich des Eingriffs in die Privatsphäre – man konnte beispielsweise Fotos und Videos von Menschen machen, ohne dass diese es bemerkten –, war das größte Problem, dass Google die Entwicklung der Miniaturisierung von Computertechnologie überschätzt hatte. Hinzu kamen die miserable Sprachsteuerung und das noch miserablere Display. Das Display wurde direkt in die Netzhaut projiziert und fühlte sich daher an wie eine ultralange Sitzung bei einem sehr gründlichen Augenarzt. Die Anwendungsmöglichkeiten waren begrenzt und die Akkulaufzeit zu gering. Natürlich ist es nach wie vor möglich, und meiner Meinung nach auch sehr wahrscheinlich, dass Smart Glasses den Durchbruch schaffen werden – aber wahrscheinlich in anderer Form. Google wäre dann aber mehr als zehn Jahre der Zeit voraus gewesen.

Der Futurist Kurzweil sagte 2005 auf einer Ted-Konferenz, dass Computer im Jahr 2010 verschwinden werden.[101] Seiner Meinung nach müsse sich bis dato Augmented Reality schon lange durchgesetzt haben. Mit dieser Einschätzung lag er wohl falsch. Apple hat mit seiner Augmented-Reality-Brille Vision

Pro (die sie einen Spatial Computer nennen) dieser Vision nun wieder neues Leben eingehaucht. Sicher ist aber, dass diese Innovation länger braucht als ursprünglich vermutet. Aber Kurzweil ist nicht der einzige Visionär, der manchmal daneben liegt.

Bereits im Jahr 1983 sprach Apple-CEO Steve Jobs auf der International Design Conference von einem „Computer in einem Buch“ – also einer Art Tablet-Computer. Er versprach, dass dieses Tablet bis zum Ende des gleichen Jahrzehnts, also nicht später als 1989, umgesetzt werde.[102] Und Apple machte sich an die Arbeit. 1989 hatte das Unternehmen tatsächlich ein Projekt für die Entwicklung eines Taschencomputers mit Touchscreen laufen. Es wurde unter dem Namen General Magic von Apple als Spin-off ausgegründet. Es blieb jedoch erfolglos. In den frühen 1990er-Jahren versuchte Apple mit dem Apple Tablet PenLite und dem Apple Newton weiterhin, einen Tablet-Computer zu entwickeln. Letzterer hatte es zumindest bis zur Produktion geschafft und wurde insgesamt 200.000-mal verkauft, galt jedoch als Flop.[103] Das erste kommerziell erfolgreiche Tablet von Apple war erst das iPad, das im Jahr 2010 gelauncht wurde – also 20 Jahre später als ursprünglich von Jobs prognostiziert. Aber wie kann es sein, dass sich Technologie-Experten wie Steve Jobs oder Ray Kurzweil so stark verschätzen? Die Antwort liegt in der Psychologie der Hype Cycles.

## Die Psychologie der Hype Cycles

Andere Menschen und Medien beeinflussen unsere Sicht auf Innovationen. Die Unternehmensberatung Gartner nennt diesen Zyklus Hype Cycle.[104] Anfangs, wenn eine neue Technologie den Weg aus den Forschungslaboren in die Öffentlichkeit schafft, interessieren sich nur ein paar wenige Menschen dafür. Doch sobald die Industrie oder die Medien ein Thema aufgreifen, kann daraus ein großer Hype entstehen. Im Gartner Hype Cycle wird diese Phase dann auch treffend „Gipfel der überzogenen Erwartungen" (Englisch: peak of inflated expectations) genannt.

In dieser Phase spielen kognitive Verzerrungen wie Confirmation-Bias, der sogenannte Bandwaggon-Effekt und FOMO (fear of missing out) eine große Rolle:

- Wenn du überall davon hörst, fängt dein unbewusster Geist irgendwann an, überall Anwendungsmöglichkeiten zu sehen. Das ist der Bestätigungsfehler (Englisch: confirmation bias).
- Bewusst oder unbewusst denkst du, dass an der Innovation wirklich etwas dran sein muss, wenn sich so viele Menschen damit beschäftigen. Das ist der Bandwaggon-Effekt.
- Und selbst, wenn du skeptisch bleibst, bleibt dieses nagende, unangenehme Gefühl, eventuell etwas Wichtiges verpassen zu können (Englisch: fear of missing out).

Nach dem Hype kommt fast jede Technologie in eine Phase der Desillusionierung und die Grenzen der Innovation werden deutlich. In der Regel führt dies dazu, dass die Wahrnehmung ins Gegenteil umschlägt. Die Skeptiker werden plötzlich laut. Es zeigt sich, dass viele mögliche Anwendungsfälle wenig Sinn ergeben und dass alles sehr viel länger dauern wird. Da gleichzeitig schon wieder das nächste Thema zum Hype wird, verändert sich deine Wahrnehmung radikal. Zu diesem Zeitpunkt beenden viele Firmen ihre Projekte oder schließen ganze Labs. Die Irrationalität in der Innovation zeigt ihr volles Ausmaß. Viele Technologien verschwinden wieder in kleinen Nischen, wie eine schwarze Fernbedienung in der Sofaecke. Manche von ihnen kommen nach ein paar Jahren oder manchmal auch Jahrzehnten wieder zum Vorschein, andere nie. Die Frage, die sich stellt, ist aber: Wie lässt sich dieses irrationale Verhalten verändern? Wie können wir lernen, klarer und langfristiger zu denken?

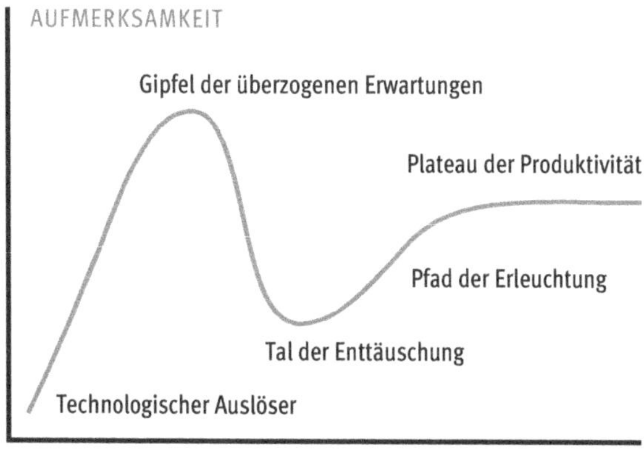


## Bessere Prognosen erstellen

Auf den folgenden Seiten erfährst du, welchen Einfluss kognitive Verzerrungen und Erregtheitszustände auf die Zukunftsprognosen haben und wie du bessere, rationalere Prognosen treffen kannst. Du wirst Techniken erlernen, die dir helfen, strategische Wendepunkte zu erkennen und zu berechnen.

### Kalte und heiße Kognition

In der Psychologie wird zwischen „heißer“ und „kalter“ Kognition (Englisch: hot and cold cognition) unterschieden.[105] Diese beiden Formen beschreiben zwei unterschiedliche Arten von Erregtheitszuständen, die Denkprozesse beeinflussen. Wenn du zum Beispiel an einer trockenen Matheaufgabe oder einem Kreuzworträtsel sitzt und dafür genügend Zeit hast, ist dein Denkprozess kalt und du denkst stärker mit System 2 (siehe dazu Kapitel 1) – das heißt, du bist rational. Kommt jedoch emotionale Erregtheit dazu, ist deine Kognition heiß und du wirst eher mit System 1 arbeiten.

Eine Gründerin lenkt beispielsweise bei einem Pitch den Fokus in der Regel auf die Vision oder das Disruptionspotenzial des Unternehmens, statt lange über technische Details zu sprechen. Warum? Weil diese Themen uns erregen und die heiße Kognition fördern, was die Rationalität reduziert. Aber auch Hunger, Durst, sexuelle Erregung, Suchtmittel oder jede Art von Knappheit oder Zeitdruck fördern die heiße Kognition. Technische Details, Rechnungen und Tabellen hingegen fördern die kalte Kognition.

Heiße Kognition kann dazu führen, dass jemand in einer emotionalen Situation impulsiv entscheidet, während kalte Kognition dazu führt, dass jemand eine Entscheidung rational basierend auf den verfügbaren Fakten trifft.

## Das Hot-Cold-Empathy-Gap

Das Interessante dabei ist, dass es eine mangelnde Empathie gibt zwischen deinem heißen und dem kalten Selbst und umgekehrt. Dein kaltes Selbst hatte vielleicht vor Kurzem noch den Plan, einen Monat lang kein Junkfood zu essen. Doch jetzt, im heißen Zustand, hast du wenig Empathie dafür und beißt genüsslich in ein Stück Pizza. Schließlich war dein kaltes Selbst auch nicht besonders empathisch gegenüber deinem heißen Selbst, als es diesen grausamen Plan aufgestellt hat.

Der Psychologieprofessor George Loewenstein nennt diesen Mangel an Empathie das Hot-Cold-Empathy-Gap.[106] Das bedeutet, dass wir uns zu sehr auf unseren aktuellen mentalen Zustand verlassen, um unser zukünftiges Verhalten vorherzusagen. Dabei unterschätzen wir die Rolle unserer jeweils in der Vergangenheit oder Zukunft vorherrschenden emotionalen Zustände. Das Hot-Cold-Empathy-Gap spielt bei der Bewertung neuer Ideen und Technologien eine große Rolle.

## Aussteigen aus dem Hype Cycle

Wenn eine neue Technologie den Hype Cycle durchläuft, verändert sich unsere emotionale Erregtheit, die beeinflusst, wie wir das Disruptionspotenzial und die Erfolgschancen der Technologie bewerten. In den heißen Phasen einer Technologie entsteht ein Tunnelblick und wir überschätzen in der Regel das Potenzial, während wir es in den kalten Phasen unterschätzen. Sich in den kalten Phasen über das Innovationspotenzial einer Technologie Gedanken zu machen, wäre in etwa so, wie direkt nach dem Essen über eine große Portion Käse-Makkaroni nachzudenken. Daher fällt es uns in den kalten Phasen schwer, uns vorzustellen, dass die Technologie möglicherweise riesiges Potenzial hat. Umgekehrt fällt uns in den heißen Phasen schwer, uns vorzustellen, dass sie doch ein Rohrkrepierer sein könnte.

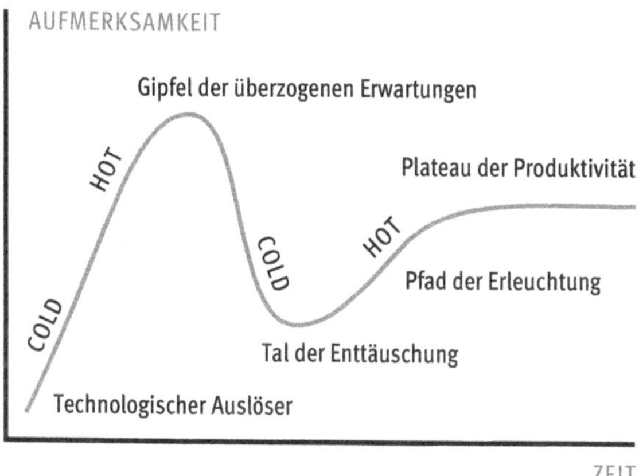


Je nach Zustand gibt es aber Strategien, um die Perspektive zu verändern und diese Verzerrung zu korrigieren:

*Strategien für die kalten Phasen*

- Sprich mit Leuten, die von der Innovation (nach wie vor) begeistert sind. Befrage Pioniere, die neue Lösungen für die Technologie entwickeln (z. B. in Hochschulen oder auf Konferenzen).
- Visualisiere: Stell dir vor, welche Möglichkeiten und Implikationen der Erfolg der Technologie hätte. Mach dazu zum Beispiel einen Workshop mit der Frage: Welche Auswirkungen könnte diese Technologie auf unser Geschäftsmodell oder die Gesellschaft allgemein haben? Überlege dir, welche Vorteile es hätte, wenn du mit der neuen Technologie experimentieren würdest.

*Strategien für die heißen Phasen*

- Experimentiere mit der neuen Technologie, aber bleibe skeptisch. Gib der Sache Zeit und sammle Informationen und Meinungen.
- Visualisiere: Woran könnte die Technologie scheitern? Welche Probleme sind noch nicht gelöst und werden eventuell in naher Zukunft unlösbar bleiben?

## Entwicklungen einfach extrapolieren

Steve Sasson, einer der Mitarbeitenden der Forschungsabteilung von Kodak, entwickelte 1975 eine der ersten volldigitalen Kameras mit – aus heutiger Sicht – enttäuschenden 100 × 100 Pixeln – oder anders ausgedrückt, mit 0,01 Megapixeln.[107] Der Legende nach war der Kodak-Gründer George Eastman von der Fotoqualität so sehr enttäuscht, dass er noch am selben Tag Insolvenz anmeldete. Die Geschichte ist allerdings falsch, schließlich war Eastman zu diesem Zeitpunkt bereits mehr als 40 Jahre unter der Erde und konnte – oder musste – sich die ersten Digitalfotos zum Glück nie anschauen. Fakt ist aber, dass die Qualität so schlecht war, dass sich fast niemand vorstellen konnte, dass das die Zukunft werden sollte.

Neben der Fotoauflösung kamen weitere technische Limitierungen (z. B. Displaytechnologie, Datenspeicher, Größe, Gewicht) hinzu, die den kommerziellen Erfolg von Digitalkameras auf lange Sicht aufschieben sollten. Hätte man jedoch mehrere Jahre experimentiert und zudem die Prototypen der Konkurrenz analysiert, hätte man möglicherweise eine Wachstumskurve erkannt, die man hätte extrapolieren können. Aus der Retrospektive lässt sich dies immer leichter erkennen und berechnen als in dem Moment, doch mit etwas akzeptierter Ungenauigkeit ist eine Berechnung dennoch möglich.

Daher lautet die erste Frage, die du dafür stellen solltest: Wie viele Verdopplungen braucht eine Metrik der Technologie, eines Geschäftsmodells oder eines anderen Trends, bis sie einen Wendepunkt erreichen könnte?

Die zweite Frage lautet: Wie lange dauert eine Verdopplung?

Im Fall von Kodak steigerte sich die Auflösung neuer Digitalkameras von 10.000 Pixeln im Jahr 1975 auf 400.000 Pixel im Jahr 1988. Das sind fünf Verdopplungen in gerade einmal 13 Jahren.[108] Hätte man sich überlegt (z. B. durch Experimentieren mit einem Prototyp), dass 4 Megapixel ausreichen würden, um die Qualität der meisten Analogfotos zu erreichen, hätte man erkannt, dass ausgehend von den 10.000 Pixeln insgesamt nur acht bis neun Verdopplungen notwendig wären. Dass dieser Wert in den 1990er-Jahren erreicht wird, war Ende der 1980er-Jahre vorhersagbar – hätte man exponentiell gedacht.

## Entwickle eine exponentielle Intuition

Doch wie bereits erwähnt, leiden die Menschen an einem Mangel an Intuition für solche exponentiellen Entwicklungen. Dafür gibt es allerdings Tricks.

Im Theater gibt es zum Beispiel sogenannte Cues. Das können die letzten Worte des gesprochenen Dialogs sein. Die nächste Schauspielerin nutzt diese als Signal, auf die Bühne zu kommen oder ihren Satz zu sagen. Wie könnte ein solcher Cue in der Innovation von neuen Technologien aussehen?

Du könntest und solltest, wenn eine neue Technologie momentan eine schlechte Leistung bringt – es jedoch ein paar wenige Menschen mit leuchtenden Augen gibt, wenn sie von dieser Technologie erzählen –, immer innehalten, gut zuhören und versuchen herauszufinden, wie sich etwas entwickelt. Jede Art von exponentieller Entwicklung, etwa Leistungskennzahlen oder Knotenpunkte (Englisch: nodes) in einem Netzwerk, sollte für dich ein Cue sein, um aufzuhorchen. Schalte dann dein intuitives System 1 aus und versuche zu eruieren, ob sich Wachstumsraten für Leistungsmetriken bestimmen lassen. Das heißt nicht, dass wir eine Intuition für exponentielle Entwicklungen aufbauen können, aber wir können lernen, wann ein guter Zeitpunkt ist, seiner Intuition zu trauen und wann nicht.

## Nutze die 70er-Regel für exponentielle Entwicklungen

Exponentielle Entwicklungen sind kompliziert und daher weniger intuitiv. Aber es gibt eine Approximation, die dir hilft, eine grobe Prognose zu erstellen. Dadurch kannst du auch spontan, zum Beispiel in einem Gespräch, überschlagen, wann eine Entwicklung relevant wird. Diese alte Faustformel aus dem Rechnungswesen nennt sich die 70er-Regel. Sie ermöglicht es, schnell herauszufinden, in welchem Zeitraum sich ein Wert verdoppelt. Die Formel lautet:

$$\frac{70}{\text{Wachstumsrate}}$$

Angenommen, die Leistung verdoppelt sich um 10% pro Jahr, dann ist die Rechnung: 70/10 = 7. Das heißt, dass sich die Leistung (ungefähr!) alle sieben Jahre verdoppelt. Oder, wenn etwas mit zum Beispiel 18% pro Monat wächst (70/18 = 3,9), heißt es, dass es sich etwa alle vier Monate verdoppelt.

Die gleiche Faustformel lässt sich auch bei Halbierungen, beispielsweise bei Kostenreduktionen, anwenden: Angenommen, die Herstellungskosten für ein neues Produkt sinken mit 35% pro Jahr, lautet die Rechnung: 70/35 = 2; das heißt, dass sich die Herstellungskosten in zwei Jahren halbieren werden.

Das Ganze stimmt natürlich nur näherungsweise. Sobald du merkst, dass eine Entwicklung für dein Geschäft relevant wird, solltest du genauer rechnen. Die Faustformel hilft dir aber als Momentaufnahme, um zu erkennen, ob eine Entwicklung relevant ist und es sich lohnt, von System 1 auf System 2 umzuschalten.

## Wendepunkte in sieben Schritten identifizieren

> **Jede ausreichend fortgeschrittene Technologie ist von Magie nicht zu unterscheiden.**
>
> ARTHUR C. CLARKE, SCIENCE-FICTION-AUTOR UND FUTURIST

Nehmen wir als Beispiel eine Innovation im Consumer-Elektronik-Bereich. Zuerst solltest du dich fragen: Wann würde sich die Innovation aus Benutzersicht magisch anfühlen?

Im Business-to-Business-Bereich sind andere Aspekte (z. B. Total Cost of Ownership) wichtiger, doch im Consumer-Bereich ist das Gefühl von „Magie“ ein ganz guter Gradmesser. Für mich fühlte es sich zum Beispiel magisch an, als ich Mitte der 1990er-Jahre zum ersten Mal ein Internet-Café betrat, um auf einer klebrigen, beige-grauen IBM-Tastatur etwas online zu bestellen. Ganz ohne Ironie: Obwohl die Erfahrung an sich nicht toll war,

war es dennoch ein magischer Augenblick. Ein weiterer magischer Moment war – für mich – der erste Videocall via Skype, damals mit einem Freund in China. Hinsichtlich generativer Künstlicher Intelligenz (Englisch: generative artificial intelligence) war es der Moment, als man mit dem Erscheinen von ChatGPT mit einer KI schreiben konnte, wie mit einem echten Menschen.

Sobald dieser Zielwert – der Moment der Magie – für dich klar ist, kannst du folgende Überlegungen anstellen:

1. Welche Basisfunktionen und Spezifikationen muss das innovative Produkt mindestens haben, um als magisch wahrgenommen zu werden? (Je nach Innovation können es andere Aspekte sein. Typisch sind jedoch oft Größe, Gewicht, Preis – z. B. Herstellungskosten –, diverse Leistungskennzahlen und besondere individuelle Aspekte und neuartige Funktionen.)
2. Wo stehst du aktuell bei den jeweiligen Spezifikationen?
3. Wie viele Verdopplungen (z. B. Speicherkapazität, Prozessorleistung, Pixel) bzw. Halbierungen (bei Größe, Gewicht, Kosten) sind notwendig, um den jeweiligen Zielwert zu erreichen?
4. Wenn du dir die historischen Daten anschaust: Wie lange dauert im Schnitt eine Verdopplung bzw. Halbierung? Hierfür kannst du die 70er-Regel anwenden.
5. Wann wirst du voraussichtlich die Zielwerte erreichen, wenn der Fortschritt stabil bleibt?
6. Was würde die Entwicklung beschleunigen? Kannst du es beeinflussen?
7. Was würde die Entwicklung bremsen? Kannst du es beeinflussen?

## Denke in JTBD, um Wendepunkte zu identifizieren

Es ist nicht immer leicht, zu erkennen, welche Entwicklungen gefährlich oder für deine Industrie überhaupt relevant sind. Einer der häufigsten Fehler, warum das Management Wendepunkte verpasst, ist es, dass es in Industrien denkt und daher seinen gedanklichen Rahmen zu eng definiert. Was meine ich damit?

Wenn eine Innovation erfolgreich ist, passiert etwas Interessantes. Zuerst bildet sich ein dominantes Design, dann bilden sich Metriken und anschließend eine eigene Sprache heraus. Später, wenn alle Marktteilnehmenden irgendwann das gleiche Design, die gleichen Metriken und die gleiche Sprache verwenden, definieren sie sich als eine Industrie. Es scheint ein natürlicher Prozess zu sein, mit einer wichtigen Konsequenz: Das Denken in Industrien framt die Realität. Aber, wie kannst du diese einengende Sicht auf die Welt verändern?

Eine Technik dafür ist die Jobs-to-be-done-Methode – kurz JTBD –, die vom Wirtschaftswissenschaftler Clayton Christensen entwickelt wurde, um die Perspektive zu ändern.[109] Die Methode basiert auf der Überzeugung, dass jedes Produkt und jede Dienstleistung eine Aufgabe (Englisch: job) erledigt. Diese kann möglicherweise schon morgen von einem ganz anderen Produkt oder einer völlig neuen Dienstleistung erfüllt werden.

## Wie Social Media einen Wendepunkt in der Modeindustrie erzeugte

Ein interessantes Beispiel aus dem Buch *Seeing Around Corners* von Rita McGrath: Die Themen Social Media und Mode für Teenager sind auf den ersten Blick zwei völlig unterschiedliche Industrien.[110] Social Media hat in erster Linie den Job, Menschen zu verbinden. Kleider haben den funktionalen Job, uns vor Kälte und Blicken zu schützen. Nach der JTBD-Methode haben Produkte und Dienstleistungen jedoch in der Regel auch emotionale und soziale Jobs. Für viele Menschen und insbesondere für Teenager ist Mode ein Mittel, sich auszudrücken. Man möchte mit seinem Stil zeigen, wer man ist (sozialer Job). Durch das Aufkommen von Smartphones und Social-Media-Apps hat sich dieser Job teilweise in den virtuellen Raum verschoben. Da Smartphones teuer sind und immer das neueste Modell zu haben, für viele Teenager sehr wichtig ist, ist das Budget für Kleider geschrumpft. Gleichzeitig ist das Bedürfnis, für aktuelle Posts immer etwas Neues zu tragen, durch Social Media gestiegen. Dieses Phänomen hat den Trend zu sogenannter Fast Fashion beschleunigt, da das Bedürfnis nach Qualität gesunken, das Bedürfnis nach Abwechslung gleichzeitig gestiegen ist, so McGrath.

Das Denken in JTBD kann dir daher helfen zu erkennen, wie Entwicklungen aus ganz anderen Industrien einen für dich relevanten Wendepunkt erzeugen können.

## In die Zukunft investieren

> **Es ist ein magisches Gefühl, zumindest für mich, wenn du zum ersten Mal eine tiefgreifende neue Technologie erlebst.**
>
> SATYA NADELLA, CEO VON MICROSOFT

Sobald du einen Wendepunkt identifiziert hast, der für dein Geschäft relevant ist, musst du zurückrechnen, schreibt McGrath. Was würde ein Jahr, zwei Jahre, fünf Jahre usw. vor dem zu erwartenden Wendepunkt passieren? Beobachte, ob die Entwicklung langsamer oder schneller vorangeht als von dir prophezeit. Aber beobachte nicht nur. Nutze die Zeit zum Experimentieren (Prototypen bauen) und zur Entwicklung von Gedankenexperimenten:

- Wie müsste sich unser Geschäftsmodell verändern, wenn der Wendepunkt eintritt?
- Welche Kompetenzen müssten wir heute aufbauen?
- Welche Chancen und Risiken hat der Wandel?
- Wie können wir die Risiken reduzieren und von den Chancen profitieren?

Diese Fragen musst du rechtzeitig in deiner Firma diskutieren, da zum Beispiel der Aufbau neuer Kompetenzen oder die Änderung des Geschäftsmodells einiges an Zeit beansprucht. Falls du zu früh auf den Markt kommst – ich hatte bereits die ersten Taschencomputer von Apple in den frühen 1990er-Jahren oder Google Glass erwähnt –, kann das auch Vorteile haben. Ein Flop muss nicht langfristig ein Flop bleiben – es kann auch eine – zugegeben relativ teure – Art und Weise sein, Marktforschung zu betreiben. Ein Unternehmen, das sich dadurch nicht ruiniert, hat den Vorteil, dass es mehr Daten als die Konkurrenz darüber hat, welche Zielwerte erreicht werden müssen, bis es zum Wendepunkt kommen kann. Ob das Der-Zeit-voraus-Sein etwas Negatives oder etwas Positives ist, hängt davon ab, wie du es framst.

## Eine Kultur des langfristigen Denkens schaffen

> **Menschen in den Schützengräben spüren in der Regel frühzeitig, wenn Veränderungen anstehen.**
>
> ANDREW S. GROVE, AUTOR VON *ONLY THE PARANOID SURVIVE*

Wie schafft man es, eine Kultur zu entwickeln, in der sich die Mitarbeitenden mit der Zukunft auseinandersetzen? „Der Schnee schmilzt von den Ecken her", sagt McGrath.[111]

Um von zukünftigen Veränderungen nicht überrascht zu werden, müssen sich viele Mitarbeitenden eines Unternehmens mit der Zukunft beschäftigen – gerade, weil es oftmals nicht klar ist, woher die nächste Veränderung kommen wird.

Für das Topmanagement gibt es zwei Wege, um näher am Markt zu sein:

1. Jedes Mitglied der Unternehmensführung hat regelmäßigen Kundenkontakt, indem es mindestens ein paar Tage im Jahr im Kundenservice oder Sales arbeitet. Diesen Ansatz verfolgt etwa Amazon, und selbst Amazon-Gründer Bezos arbeitete oft im Customer Support, um direkt von den Kunden zu lernen.
2. Die Menschen mit Kundenkontakt, aber auch Mitarbeitende, die sich mit den neuesten Technologien beschäftigen, werden in den Innovationsprozess mit einbezogen.

Beide Wege können auch kombiniert werden.

## Stell dir die Welt in zehn Jahren vor

Erst vor kurzem wurde ich von einer Firma angefragt, ob ich dabei helfen könnte, neue Geschäftsmöglichkeiten auf Basis ihrer bestehenden Assets zu entwickeln. Das ist grundsätzlich keine schlechte Idee. Amazon hatte unter anderem seinen Asset der bestehenden Server- und IT-Infrastruktur clever genutzt, um daraus den größten Cloud-Service-Anbieter – Amazon Web Services – zu bauen. Die Logik, die dahintersteckt, ist die einer Legokiste: Was können wir aus den Legosteinen, die wir bereits haben, sonst noch machen? Aber die wichtigere Frage ist: Welche Legosteine brauchen wir in der Zukunft?

Die Canva-Gründerin Melanie Perkins macht regelmäßig mit ihrem Team eine Übung, bei der sie folgende Fragen gemeinsam visualisieren:[112]

- Wie wird die Welt in zehn Jahren aussehen?
- Wo möchten wir in zehn Jahren stehen?
- Wie würde Scheitern in zehn Jahren aussehen?
- Wie würde Erfolg in zehn Jahren aussehen?
- Welche „Legosteine" brauchen wir, um in zehn Jahren erfolgreich zu sein?

Solche Gedankenexperimente sind wichtig, damit Menschen ihre kurzfristige Perspektive zumindest gelegentlich verlassen. Je mehr Mitarbeitende in deiner Firma über die Zukunft nachdenken und je öfter sie das tun, desto eher entwickelt sich eine Kultur des langfristigen Denkens.

## Unsicherheit in Zuversicht reframen

**Konzentriere dich auf die Dinge, die sich nicht ändern werden.**

JEFF BEZOS, GRÜNDER VON AMAZON

Aber das Nachdenken über die Zukunft erzeugt Unsicherheit. Die Frage „Wie sieht die Welt in zehn Jahren aus?" hilft dir, deine Perspektive auf die Zukunft zu richten. Allerdings hat diese Zukunftsperspektive ein Problem: Eine Geschäftsleitung, die die ganze Zeit darüber spricht, dass die Zukunft ungewiss ist, erzeugt bei den Mitarbeitenden ein Gefühl der Angst. Also, wie kann man eine Zukunftsorientierung etablieren, aber dennoch das Gefühl von Unsicherheit und Unbehagen für die Mitarbeitenden reduzieren?

Laut Jeff Bezos ist die wichtigere Frage, um langfristig zu denken: Was wird sich NICHT ändern?[113]

Das ist eine clevere Reframing-Technik, die es dir ermöglicht, die gefühlte Unsicherheit zu reduzieren, während du dennoch eine langfristige Perspektive einnimmst. Bezos pflegte in Interviews zu sagen, dass für ihn in Bezug auf Amazon drei Dinge unumstößlich wären, nämlich die drei Dinge, die Kunden auch in der Zukunft haben wollen:

1. eine große Auswahl
2. günstige Preise
3. schnelle Lieferung

Diese drei einfachen Wahrheiten ermöglichten es ihm, mit einer Gelassenheit an Themen zu arbeiten, die kurzfristig zwar keine Rendite brachten, aber langfristig Amazon erfolgreicher machen würden.

Nutze diese Erkenntnis als Übung: Was wird für unser Geschäft in zehn Jahren noch Gültigkeit haben? Es lohnt sich, dazu ein Meeting oder einen Workshop in deiner Firma anzusetzen, um diese Frage gemeinsam mit deinem Team zu diskutieren.

## Schau zehn Jahre zurück

Innovatoren neigen meist dazu, immer nach vorn zu schauen. Aber, um eine langfristige Perspektive einzunehmen, solltest du auch mal zurückschauen. Dies geht im Alltag schnell verloren. Nimm dir Zeit und frage dich, wie die Welt eigentlich vor zehn Jahren aussah. Stelle dir (oder deinem Team) folgende Fragen:

- Welchen Job hattest du damals?
- Falls du in der gleichen Organisation arbeitest wie vor zehn Jahren: Welche Entwicklung hat diese seitdem durchgemacht?
- Was hast du seitdem gelernt?
- Welche Technologien waren innerhalb der letzten zehn Jahre „heiß“? (Schaue dir etwa den Gartner Hype Cycle von vor zehn Jahren dafür an.)
- Wie hat sich die Welt seitdem verändert?

## Den Zeithorizont framen

Als ich im Jahr 2008 mein erstes Start-up PaperC gründete, schaute ich sehr aufmerksam, was andere Start-ups machten. Damals fand ich eine junge Firma besonders spannend: Evernote. Evernote ist eine Note-Taking-App in der Cloud, die verspricht, nach regelmäßigem Gebrauch zu deinem zweiten Gehirn zu werden. Der damalige CEO Phil Libin kommunizierte eine spannende Start-up-Strategie. Er sagte: „Wir bauen eine 100-jährige Firma."[114] Das brachte mich zum Nachdenken. 100 Jahre?

Der Zeithorizont für mein Start-up war offen gesagt nicht mehr als drei bis fünf Jahre. Spätestens dann wollte ich die Firma für einige Millionen Euro verkaufen. Mein Plan war es nicht, ein Familienunternehmen im Stil der Fugger zu gründen. Inzwischen bin ich allerdings der Meinung, dass sich hinter diesem langfristigen Mindset eine ungeheure Macht verbirgt. Amazon-Gründer Jeff Bezos machte den Unterschied von langfristigem Zeitframing zu kurzfristigem Denken bei einem öffentlichen Fireside-Chat deutlich. Bei einem Gespräch mit dem CTO von Amazon, Werner Vogels, spielte er folgendes Gedankenexperiment durch:

*„Wenn ich also [...] von dir, Werner, verlangen würde, dass du den Welthunger in fünf Jahren lösen sollst, du würdest die Herausforderung zu Recht ablehnen. Aber, wenn ich dir sagen würde [...], ich möchte, dass du den Hunger in hundert Jahren löst. Dann ist das viel interessanter. Denn dann haben wir zuerst die Bedingungen geschaffen, unter denen eine solche Veränderung stattfinden könnte. Und alles, was wir getan haben, ist, den Zeithorizont zu ändern. Wir haben nicht die Herausforderung geändert, sondern den Zeithorizont."*[115]

Je langfristiger der Zeitrahmen, desto größer kann die Herausforderung sein, der wir uns zu stellen wagen. Eine Gefahr besteht jedoch darin, dass man dadurch nicht genügend Dringlichkeit erzeugt, um echtes Handeln auszulösen. Dieses Abwägen zwischen langfristigem, großem Denken und dem Erzeugen von Dringlichkeit muss eine Führungsperson immer beachten und je nach Situation und Bedarf framen.

## Symbole framen die Perspektive

Jeff Bezos ist außerdem ein großer Freund von Symbolen, die einen Priming-Effekt haben. Beispielsweise steht in der Eingangshalle von Amazon das Skelett eines Eiszeitbären.[116] Dieses ist in erster Linie eine Warnung, dass man immer aussterben kann, wenn man nicht aufpasst. Demzufolge symbolisiert der Eiszeitbär die Möglichkeit von dramatischen Wendepunkten, die existenzbedrohend sein können. Dieses „Mahnmal" sehen alle Mitarbeitenden im Headquarter jeden Tag, wenn sie zur Arbeit kommen. Bezos ist nicht ohne Grund auch einer der Hauptsponsoren der The-Long-Now-Foundation, die unter anderem in den Bergen von Texas eine gigantische Uhr baut. Das ist aber keine gewöhnliche Uhr. Es ist eine Anlage, welche die Uhrzeit für die nächsten 10.000 Jahre anzeigen wird. Die Uhr steht für ihn als ein Symbol für langfristiges Denken.[117]

Frage dich: Welche Symbole, Bilder, Statuen siehst du jeden Tag in deiner Firma? Welchen (Priming-)Effekt haben diese Dinge auf dein Denken und das Denken der anderen Mitarbeitenden?

Amazon ist jedoch nicht das einzige Tech-Unternehmen, das prähistorische Tiere in ihrem Hauptquartier stehen hat. Auch die Google-Gründer Larry Page und Sergey Brin stellten Anfang der 2000er-Jahre eine Nachbildung eines Dinosaurier-Skeletts (ein T-Rex mit dem Namen Stan) auf den ursprünglichen

Google-Campus in Mountain View.[118] Diese Symbole können helfen, in größeren Dimensionen zu denken.

Nur eine Organisation, die sich aktiv mit der Zukunft beschäftigt und ihre Industrie nicht zu eng definiert, sondern in Jobs-to-be-Done denkt, kann Wendepunkte rechtzeitig erkennen und erfolgreich innovieren, wenn es darauf ankommt. Doch das Erkennen, was man zu tun hat, und das erfolgreiche Umsetzen dessen, sind zwei verschiedene Sachen.

Innovationen erfahren viele externe und interne Hindernisse, die es zu überwinden gilt. Das folgende Kapitel zeigt, welches Set-up wir für erfolgreiche Innovationsprojekte benötigen und wie man mit Rückschlägen umgehen muss, um die langfristige Motivation aufrechtzuerhalten.

## DIE WICHTIGSTEN ERKENNTNISSE DIESES KAPITELS

1. Langfristiges Denken ist notwendig für radikale Innovation.
2. Exponentielle Entwicklungen werden am Anfang unterschätzt, können ab einem gewissen Punkt aber uneinholbar werden.
3. Es ist manchmal besser, der Zeit voraus zu sein.
4. Innovationen durchlaufen Hype Cycles, was eine rationale Beurteilung schwierig macht.
5. Du kannst exponentielle Entwicklung nutzen, um Wendepunkte zu berechnen.
6. Oftmals kommen Veränderungen aus anderen Industrien. Daher musst du in Jobs-to-be-Done denken.
7. Um Wendepunkte rechtzeitig zu erkennen, brauchst du eine Kultur des langfristigen Denkens.
8. Je mehr Mitarbeitende du involvierst, desto eher schaffst du diese Kultur.
9. Führungskommunikation und Symbole framen die Zeitperspektive.

KAPITEL 5

# DIE PSYCHOLOGIE DES DURCHHALTENS

Vielleicht hast du das schon mal erlebt: Jemand aus der Geschäftsleitung hat auf einer Konferenz ein „heißes" Thema (z. B. Künstliche Intelligenz, Quantum Computing, Blockchain, Industrie 4.0, Metaverse, Circular Economy) entdeckt und ist davon begeistert. Sofort stürzen sich alle Abteilungen und Business Units darauf, denn, wenn die Geschäftsleitung das toll findet, sollte man schließlich dabei sein. Überall in der Firma werden Workshops, Sprints und Projekte gestartet. Damit das neue Thema nicht im Chaos versinkt, wird kurze Zeit später ein neuer Bereich (z. B. das AI Lab) gegründet, das den Auftrag erhält, sich um das Thema zentral zu kümmern. Die Abteilung bekommt Budget und Freiheitsgrade, bis irgendjemand nach circa zwei Jahren anfängt, Fragen zu stellen. Spätestens, wenn es dann noch eine Übernahme, eine Reorganisation oder einen Wechsel in der Geschäftsleitung gibt, müssen echte Zahlen her – ein Todesstoß für jedes „Lab".

Einer meiner Business Angels aus meinem ersten Start-up meinte einmal zu mir: „Corporate Innovation funktioniert einfach nicht – nach zwei Jahren will irgendjemand Zahlen sehen und dann wird jedes wirklich innovative Projekt beendet." Verstehe mich bitte nicht falsch – Dinge zu beenden, ist wichtig. Aber die wichtigen Dinge durchzuziehen, ist manchmal noch wichtiger.

Im vorherigen Kapitel ging es darum, vorausschauend zu denken und Wendepunkte zu antizipieren. Der zweite wichtige Aspekt von langfristigem Handeln ist die Fähigkeit, durchzuhalten. Um in der Innovation langfristig erfolgreich zu sein, musst du lernen, mit Rückschlägen umzugehen und weiterzumachen. Radikale Innovation dauert lange, zumeist viel länger als man denkt.

Viele Innovationsinitiativen werden in den heißen Phasen gestartet, in denen die Möglichkeiten der Technologie aufgeblasen und die Probleme heruntergespielt werden. Doch nach dem Hype kommt oftmals ein Tal. In diesen Phasen wird unser Durchhaltevermögen auf die Probe gestellt. Schwierig ist das vor allem deshalb, weil Menschen in der Regel den schnellen Erfolg bevorzugen.

## Das Problem mit der langfristigen Motivation

Radikale Innovation braucht Kreativität, Risikobereitschaft und langfristiges Denken. Wenn ich Mitarbeitende eines Unternehmens, das kurzfristig agiert, nach den Gründen für dieses Agieren befrage, lautet die Antwort oftmals: eine unklare Strategie. Aber ist eine unklare Strategie wirklich die Ursache für kurzfristiges Denken und Handeln oder nicht eher die Folge davon? Warum handelt das Management oftmals kurzfristig, wenn doch fast jeder weiß, wie wichtig langfristiges und strategisches Handeln ist? Die Ursache dafür liegt in der menschlichen Natur.

### Menschen lieben Shortcuts

Ein Problem ist, dass Menschen sich von jeder Abkürzung, jeder Art angeblicher Zeitersparnis angezogen fühlen wie Ameisen von einer matschigen Banane. Die Fitnessindustrie hat das schon lange verstanden. Die 7-Minuten-Übung, Schlank in 30 Tagen oder der Abnehmturbo sind die üblichen Versprechen aus Fitnessmagazinen. Doch Menschen, die wirklich fit sind, arbeiten jahrelang an ihrer Fitness. Diese Wahrheit lässt sich schlecht verkaufen. Statt ein Buch in zehn Stunden zu lesen, gibt es Apps wie Blinkist, die Bücher als 15-Minuten-Hörbuch zusammenfassen. Die durchschnittliche Länge eines YouTube-Videos ist 12 Minuten. Und durch TikTok, Instagram-Reels und YouTube-Shorts sinkt die Dauer von Videos, die sich Menschen heutzutage anschauen, auf unter eine Minute.

Geduld ist eine Tugend und zu einer seltenen Eigenschaft geworden. Es scheint so, als wird sie immer rarer. Der allseits bekannte Marshmallow-Test hat gezeigt, dass Kinder, die in der Lage sind, kurzfristigen Impulsen zu widerstehen und länger auf eine Belohnung zu warten, im späteren Leben erfolgreicher sind.[119] Aber das braucht Willensstärke.

Bei Innovation gibt es jedoch keine Abkürzungen, und Geduld und Ausdauer sind notwendige Voraussetzungen.

## Mangelnde kognitive Reflexion

Ein kleines Quiz zur Auflockerung: Bei einem Wettrennen überholst du die zweitplatzierte Person. Welchen Platz hast du jetzt?

Das ist eine typische Frage eines Cognitive Reflection Tests (CRT).[120] Bei dieser Art von Tests neigen Menschen dazu, zuerst eine intuitive Antwort zu entwickeln. In diesem Fall ist die erste intuitive Antwort, die den meisten Menschen einfällt, der erste Platz. Erst, wenn man diese Antwort hinterfragt und stattdessen sein langsames Denken einsetzt, kommt man auf die richtige Antwort. Wenn du die zweitplatzierte Person überholst, landest du nämlich auf dem zweiten Platz, da immer noch jemand vor dir läuft.

Professor Shane Frederik, der den ursprünglichen CRT (der auf drei ähnlichen Fragen beruht) entwickelt hatte, stellte fest, dass Menschen, die bei dem Test eher schlecht abschneiden, also eine geringe kognitive Reflexion haben, auch weniger Geduld mitbringen.[121] Was bedeutet das? Menschen, die bei diesem Test unterdurchschnittlich abschneiden, würden etwa lieber einen Sofortgewinn von 3.400 Dollar gegenüber einem Gewinn von 3.800 Dollar in einem Monat bevorzugen.[122]

Menschen mit einer hohen kognitiven Reflexion haben mehr Geduld. Sie hinterfragen die eigene Intuition und verfallen nicht ihrer Impulsivität. Jeder von uns macht intuitive Fehler. Solange wir nicht einen Moment innehalten und reflektieren, können wir nicht gegensteuern.

## Dinge, die wir gern hätten, erscheinen uns näher, als sie sind

Hast du schon mal einen Tagesplan gemacht und am Ende des Tages festgestellt, dass du gerade mal die Hälfte deiner To-dos geschafft hast? Oder sollte ich besser fragen, ob du schon mal einen Tagesplan gemacht und dann alles davon geschafft hast? Keine Sorge, du bist nicht allein. Fast alle Menschen leiden an dieser grausamen Art von Optimismus, die sich Planning Fallacy nennt. Menschen neigen dazu, zu optimistisch zu planen.

Bei einem Experiment mit Studierenden kam heraus, dass das, was die Studierenden als „realistischste Planung" einschätzten, in Wahrheit eine Best-Case-Planung war. Mit anderen Worten: Die realistischen Pläne, die die Studierenden machten, um ihre Seminararbeiten zu schreiben – und ihre Best-Case-Szenarien unterschieden sich praktisch nicht.[123]

Das Phänomen des Wunschdenkens ist in der Psychologie weit bekannt. Beispielsweise war Elon Musks ursprünglich geplante Entwicklungszeit, um mit SpaceX die erste funktionierende Rakete zu bauen, gerade mal auf 1,5 Jahre angelegt. Tatsächlich dauerte es 6,5 Jahre, bis SpaceX die erste Rakete erfolgreich in den Orbit schicken konnte.[124]

Die Forscherin Emily Balcetis und der Forscher David Dunning konnten in fünf Experimenten beweisen, dass Menschen begehrte Objekte (z. B. Geld) als räumlich näher wahrnehmen, als sie tatsächlich sind.[125] Gleiches galt auch für Wasser, wenn man durstig ist. Sie nannten das Phänomen daher Wunschsehen (Englisch: wishful seeing). Dies ist eine extreme Form des Phänomens, das allgemein als Wunschdenken bekannt ist. „Intrapreneure und die Geschäftsleitung wünschen sich oftmals, dass etwas funktioniert, obwohl die Beweise dafür fehlen“, sagt Karel van Eechoud, Head of Innovation beim Bauunternehmen Implenia.[126] Menschen schätzen Dinge, die sie sich herbeiwünschen, als erreichbarer ein, als sie in Wirklichkeit sind.

## Unternehmerische Kurzsichtigkeit

Berichterstattung hat einen großen Einfluss auf die Steuerung von Unternehmen. Börsennotierte Unternehmen stehen unter einem besonderen Druck, da sie unterjährige Berichte erstellen müssen. Dieser Druck kann dazu führen, dass langfristiger Erfolg aufgrund kurzfristiger Ziele erschwert wird. Eine Reihe von Studien hat dies bewiesen:[127] Unterjährige Berichterstattungen und Gewinnprognosen fördern unternehmerische Kurzsichtigkeit bei Unternehmen. Die Google-Gründer Larry Page und Sergey Brin waren sich beim Börsengang im Jahr 2004 dessen bewusst. Sie warnten daher potenzielle Investoren in einem Brief, dass sie bereit sind, kurzfristige Erfolge für langfristige Ziele zu opfern:

*Unser langfristiger Fokus birgt Risiken. Die Märkte könnten Schwierigkeiten haben, den langfristigen Wert zu bewerten, wodurch der Wert unseres Unternehmens möglicherweise sinkt. Unser langfristiger Fokus könnte einfach die falsche Geschäftsstrategie sein. Konkurrenten könnten für kurzfristige Taktiken belohnt werden und infolgedessen stärker werden. Als potenzielle Anleger sollten Sie die Risiken im Zusammenhang mit unserer langfristigen Ausrichtung berücksichtigen. Wir werden unsere Geschäftsentscheidungen im Hinblick auf das langfristige Wohlergehen unseres Unternehmens und unserer Aktionäre treffen und nicht auf der Grundlage buchhalterischer Überlegungen.*[128]

Wenn eine börsennotierte Firma nicht unbewusst der unternehmerischen Kurzsichtigkeit verfallen will, muss sich die Geschäftsleitung klar für das langfristige Denken und Handeln aussprechen.

## Kein Psychological Ownership

Wenn die Geschäftsleitung wechselt, die Projektleitung ausgetauscht wird oder jemand in der Linienorganisation eine Innovation „über den Zaun zugeworfen bekommt" – also eine Idee umsetzen soll, die sich jemand anderes ausgedacht hat –, gibt es ein Problem: einen Mangel an Psychological Ownership. Psychological Ownership kann auf verschiedene Art und Weise entstehen. Im organisationalen Kontext entsteht Psychological Ownership durch drei verschiedene Wege: Kontrolle, Wissen und Investition. Je mehr Kontrolle Mitarbeitende über einen Bereich in der Organisation haben und je mehr intimes Wissen sie darüber verfügen, desto eher fühlen sie sich damit verbunden und entwickeln Psychological Ownership.

Eine weitere Möglichkeit, um Psychological Ownership entstehen zu lassen, ist die Investition von Zeit und Aufwand.[129] Je mehr Energie wir in eine Sache stecken, desto mehr Psychological Ownership entwickeln wir.

Die Forscher Michael I. Norton, Daniel Mochon und Dan Ariely haben in einer experimentellen Studie herausgefunden, dass Menschen zum Beispiel einen IKEA-Schrank, den sie selbst zusammengebaut haben, nicht nur als schöner bewerten als einen identisch gleichen, den sie nicht selbst gebaut haben, sondern auch bereit wären, mehr Geld dafür zu zahlen. Die Autoren der Studie haben dieses Resultat marketingtauglich den IKEA-Effekt genannt.[130] Er beschreibt die Verzerrung, dass Menschen Dingen einen unverhältnismäßig hohen Wert beimessen, wenn sie diese (teilweise) selbst geschaffen haben.

Psychological Ownership hat für Innovation positive und negative Effekte. Ein negativer Effekt ist die verstärkte Verzerrung der Wahrnehmung. Wenn du etwa eine Idee entwickelt hast oder schon länger an einem Projekt arbeitest, wirst du ablehnender gegenüber Vorschlägen, aber auch der Kritik anderer. Außerdem wirst du die Erfolgschancen möglicherweise zu hoch einschätzen. Positive Effekte von Psychological Ownership sind eine höhere Motivation und gesteigerte Kreativität.[131] Beispielsweise kann eine späte Projektübergabe eines kreativen Projekts an die Linienorganisation dazu führen, dass die Umsetzung aufgrund mangelnden Psychological Ownerships unkreativ geschieht. Das Endresultat bleibt daher hinter seinem Potenzial zurück. Dazu kommt, dass ein Projekt ohne Psychological Ownership möglicherweise sofort aufgegeben wird, sobald die ersten Probleme auftreten oder wenn irgendwo Geld eingespart werden muss.

## Warum viele Firmen zu früh aufgeben

Machen wir uns nichts vor: Langfristig zu denken, ist schwierig, und dauerhaft motiviert zu bleiben, ist noch schwieriger. Die Folge ist, dass Projekten schnell der Stecker gezogen wird, wenn die ersten Ergebnisse nicht der optimistischen Planung entsprechen. Die Hauptprobleme sind impulsives Handeln, weil etwas gerade heiß ist, unrealistische Erwartungen und ein Mangel an Psychological Ownership. Deswegen musst du aber nicht den Kopf in den Sand stecken, denn es gibt eine Reihe von Methoden, das langfristige Mindset zu fördern und die Beharrlichkeit zu steigern.

## Vermeide impulsives Handeln

In der Innovation kann man leicht das Gefühl bekommen, dass alle anderen schon viel weiter sind und man deshalb keine Zeit verlieren darf. Leider werden viele Projekte schnell gestartet und genauso schnell wieder beendet. Besser wäre es oftmals, etwas Ruhe einkehren zu lassen.

## Innovation und Strategie müssen in Einklang sein

Bei großen Unternehmen gibt es manchmal sogenannte U-Boot-Projekte, also Projekte, von denen das Topmanagement nicht weiß, dass es sie (immer noch) gibt. Eines der rückblickend erfolgreichsten dieser Art ist Nespresso, das beliebte Kaffeekapselsystem, das Hollywoodstars zum Schwärmen bringt – wenn man sie dafür anständig bezahlt. Was viele nicht wissen, ist, dass zu Beginn Nespresso von der Nestlé-Konzernleitung verschmäht wurde.[132] Doch der Ingenieur Eric Favre, der das System entwickelt hatte, führte das Projekt dennoch weiter, obwohl er in eine andere Abteilung versetzt wurde. Das war in den späten 1970er-Jahren. Erst Anfang der 1990er-Jahre wurde Nespresso ein kommerzieller Erfolg.

Aber ist das ein Modell, das man kopieren sollte? Ich denke nicht. Wenn die Geschäftsleitung nicht Bescheid weiß, an welchen Innovationen in der Firma gearbeitet wird, kann höchstens von Glückstreffern die Rede sein. Aufgrund des Survivorship-Bias hören wir in der Regel nur von genau diesen. Von den vielen anderen erfolglosen U-Boot-Projekte haben wir nie erfahren.

Wenn du willst, dass deine Innovation eine realistische Chance hat, sollte sie mit der Strategie der Firma im Einklang stehen. Denn, wenn Innovationsprojekte nicht an der Unternehmensstrategie ausgerichtet sind, werden sie beim Aufkommen erster Probleme schnell abgeschossen.[133]

## Es lohnt sich zu warten

Statt sofort jedem neuen Trend hinterherzujagen, kann Warten auch Vorteile haben. Diese Strategie nennt sich verzögerte Intuition (Englisch: delayed intuition). Dazu eine Anekdote:

Jedes Mal, wenn der Apple-Ingenieur Tony Fadell und seine Freundin in ihrem Ferienhaus beim Lake Tahoe ankamen, waren sie genervt, dass das Haus in der ersten Nacht immer eiskalt war.[134] Es gab einfach keine Möglichkeit, das Haus bereits vor ihrer Ankunft aufzuwärmen. Es gab auch keinen Thermostat, der in der Lage war, Energie zu sparen, oder wenigstens eine leicht verständliche Benutzeroberfläche hatte, wenn er schon all das andere nicht konnte. Mit anderen Worten, der Thermostat war ein Produkt, das reif war, von einer Innovation abgelöst zu werden. Doch Fadell wollte sich nicht mit einer weiteren Idee herumschlagen. Schließlich arbeitete er gerade intensiv am ersten iPhone und hatte keine Zeit für ein Nebenprojekt in seiner Freizeit. Also legte er die Idee wieder auf Eis. Doch, als das Paar sich ein Jahr später entschieden hatte, ein komplett neues Haus am Lake Tahoe zu bauen, musste er sich wieder mit dem Thema beschäftigen. Es dauerte zehn Jahre, in denen er sich die Thermostate aller möglichen Hersteller anschaute – von der ersten Idee bis zu seiner finalen Entscheidung, die Firma Nest zu gründen. Heute baut Nest moderne, smarte Thermostate. Sie wurde ein paar Jahre nach der Gründung von Google übernommen und ist heute Teil von Google Home. Fadell nennt diesen Prozess – vom ersten Spielen mit einer Idee bis zur finalen Entscheidung – verzögerte Intuition. Dahinter steckt die These, dass unsere Intuition oftmals falsch ist, wenn es sich um außergewöhnliche Entscheidungen handelt. Die Fähigkeit, nicht der ersten impulsiven Intuition zu folgen, sondern diese zu hinterfragen, kennen wir bereits als kognitive Reflexion. Doch, wenn deine Intuition auch nach langer Zeit immer wieder in die gleiche Richtung zeigt, ist es vielleicht ein Thema, das du verfolgen solltest.

## Die Vorteile verzögerter Intuition

> **Eine neue Idee kommt plötzlich und ziemlich intuitiv, aber Intuition ist nichts anderes als das Ergebnis früherer intellektueller Erfahrung.**
>
> ALBERT EINSTEIN, PHYSIKER

Da wir unsere Intuition nie ganz ausschalten können, ist es das Ziel, diese zu verzögern. Egal, ob es deine eigene Idee ist, die dich nicht mehr loslässt, die Idee von jemand anderem oder ein allgemeiner Hype: Es lohnt, sich Zeit zu lassen. Aber, warum ist das so wichtig?

1. Deine Emotionen kühlen ab, du wirst wieder etwas rationaler, sobald du den Zustand initialer Erregung verlässt. Deine kognitive Reflexion steigt und du wirst weniger stark von Hypes (heißen Phasen) beeinflusst.
2. Dein Unbewusstsein arbeitet auch dann noch weiter, wenn du dich etwas anderem widmest. Und das kann kognitive Vorteile haben.

Die Professoren Ap Dijksterhuis und Loran Nordgren haben im Rahmen einer Studie (dazu im nächsten Abschnitt mehr) die Theorie des unbewussten Denkens, der Unconscious Thought Theory (kurz: UTT), aufgestellt.[135] Diese besagt, dass unser Unbewusstsein bei komplexen Entscheidungen bessere Entscheidungen treffen kann als unser bewusster Verstand. Das klingt jetzt etwas nach New Age, aber es gibt eine gute und simple Erklärung dafür: Dein Unbewusstsein kann wesentlich größere Mengen an Informationen verarbeiten und integrieren als dein bewusster Versand.

1956 veröffentlichte der Kognitionspsychologe George A. Miller den Aufsatz *The magical number seven, plus or minus two*, in dem er argumentiert, dass Menschen sich nur sehr wenige

Dinge bewusst merken können.[136] Wo genau die Grenze liegt, ob bei fünf, sieben oder neun Dingen, wird von Forschern immer wieder diskutiert. Unbestritten ist jedoch die Tatsache, dass wir nur eine begrenzte Anzahl von Ideen und Aspekten gleichzeitig im Kopf behalten können.

## Die Theorie des unbewussten Denkens

Wenn du aktiv über etwas nachdenkst, kann dein bewusster Verstand von sehr vielen Informationen und Kriterien schnell überfordert sein. In der erwähnten Studie von Dijksterhuis sahen die Teilnehmenden die Eigenschaften von vier fingierten Autos und sollten das Beste davon auswählen. Den Teilnehmenden wurden entweder vier oder zwölf Eigenschaften gezeigt. Die Attribute waren entweder positiv oder negativ. Eines der Autos wurde durch 75 % positive Eigenschaften charakterisiert, zwei durch 50 % positive Eigenschaften und eines durch 25 % positive Eigenschaften. Es gab also objektiv betrachtet, bessere und schlechtere Autos. Nachdem die Teilnehmenden die Informationen über die vier Autos gelesen hatten, wurden sie entweder einer Gruppe mit bewusstem Denken oder einer Gruppe mit unbewusstem Denken zugewiesen. In der Gruppe des bewussten Denkens wurden die Teilnehmenden gebeten, vier Minuten lang über die Autos nachzudenken, bevor sie ihr Lieblingsauto wählten. In der Gruppe des unbewussten Denkens waren die Teilnehmenden vier Minuten lang abgelenkt. In dieser Zeit mussten sie Anagramme lösen. Das Ergebnis? Die bewussten Denker trafen bei den vier Eigenschaften im Allgemeinen die richtige Wahl, schnitten aber bei den zwölf Eigenschaften schlechter ab als die Teilnehmenden, die ihr Unbewusstsein nutzten. Je komplexer die Entscheidung, desto wichtiger war das unbewusste Denken.

Das bedeutet aber nicht, dass du bewusstes Nachdenken bei komplexen Fragestellungen vermeiden solltest, denn in der

Regel arbeitet unser unbewusster Geist weiter, nachdem wir uns mit etwas bewusst beschäftigt haben. Das braucht aber Zeit und Ablenkung, beispielsweise durch die Beschäftigung mit einem anderen Thema.

Und sich Zeit zu nehmen, hat noch einen weiteren Vorteil: Du kannst die Zeit nutzen, um die Informationen zu sammeln, die für eine gute Entscheidung notwendig sind.

## Stelle Fragen und sammle Antworten

Angenommen, du hast vor ein paar Monaten angefangen, Tennis zu spielen und willst nun gern ein Doppel spielen. Für welchen Mitspieler würdest du dich entscheiden?

a) Noah spielt seit 20 Jahren Tennis im Verein und hat bereits einige Turniere im Einzel und im Doppel gewonnen. Er ist 1,90 Meter groß, er ist schnell, hat top Reflexe und ist 32 Jahre alt.
b) Janosch spielt seit einem Jahr Tennis im Verein. Er hat noch nie ein Turnier gespielt. Er ist 1,60 Meter groß, hat einen sehr harten Aufschlag und ist 15 Jahre alt.

Wen würdest du nehmen? Wenn du ehrlich bist, würdest du dich wahrscheinlich für den älteren und erfahrenen Noah entscheiden.

Unser System 1 arbeitet schnell und mühelos. Sofort hast du eine in sich konsistente Geschichte über beide Spieler in deinem Kopf erfunden. Jetzt erfährst du allerdings, dass Noah ein äußerst temperamentvoller Kerl ist, der aus seinem letzten Tennisverein hinausgeworfen wurde, weil er seinen Mitspieler beim Doppel zusammengeschlagen hat. Zu deiner Überraschung ist Noah aktuell nur auf Bewährung draußen. Natürlich konntest du das nicht wissen, als ich dich um deine Meinung bat, und dieser dramatische Twist ist vielleicht auch etwas übertrieben. Aber ich will auf etwas Besonderes hinaus. Da ich die Persönlichkeit der beiden Kandidaten nicht ins Spiel gebracht hatte, hast du dir wahrscheinlich im ersten Moment auch wenig Gedanken dazu gemacht.

Mit System 1 nehmen und verarbeiten wir in der Regel die Informationen, die uns angeboten werden, denn es bereitet uns sehr viel kognitive Arbeit, zu überlegen, welche weiteren Informationen für eine gute Entscheidung wichtig wären. Deshalb unternimmt beispielsweise ein guter Risikokapitalgeber eine Due-Dilligence-Prüfung vor der Investition in ein Start-up, statt nur dem Pitch und dem Team zu vertrauen. Es geht dabei nicht nur darum, zu untersuchen, ob das, was erzählt wurde, stimmt, sondern auch, um herauszufinden, welche eventuell relevanten Informationen unterschlagen wurden.

## Risiken sind oft unsichtbar

Donald Rumsfeld prägte bei einer Rede im Jahr 2002 über die mögliche Existenz von Massenvernichtungswaffen im Irak den Begriff der Unknown-Unknowns. Er beschrieb sie als Dinge, „von denen wir nicht wissen, dass wir sie nicht wissen“. Normalerweise kommen doppelte Verneinungen nicht so gut an, erst recht nicht von einem amerikanischen Verteidigungsminister. Doch dieser Begriff hat es dennoch ins moderne Start-up-Vokabular geschafft, denn er ermöglicht eine wichtige Perspektive: Gerade diese Dinge, von denen wir nicht wissen, dass wir sie nicht wissen, sind es, die viele Innovationen zerstören.

Fadell schreibt in seinem Buch *Build*: „Das Interessante ist, dass eine verzögerte Intuition im Allgemeinen nicht dazu führt, dass sie weniger beängstigend ist. [...] Denn du entdeckst alle Möglichkeiten, wie es schiefgehen kann; du kennst die Millionen Dinge, die deine Idee, dein Geschäft und deine Zeit zerstören könnten. Aber zu wissen, was dich umbringen kann, macht dich stärker."[137]

Dein Ziel sollte es daher sein, in der Phase der verzögerten Intuition, so viele Unknown-Unknowns wie möglich zu identifizieren. Fadell und sein Mitgründer Matt Rogers listeten deshalb alle Risiken, die sie identifizieren konnten, in ihrer Präsentation auf, als sie ihre Idee vor Risikokapitalisten pitchten.

## Pre-Mortems helfen, Probleme frühzeitig zu erkennen

Angenommen, ihr habt euch in eurer Firma dazu durchgerungen, ein neues Innovationsprojekt oder Venture zu starten. Es gibt Croissants, frischen Kaffee und alle sind frohen Mutes und wollen mit dem Projekt beginnen. Aber halt! Letztes Mal seid ihr genauso optimistisch gestartet, um am Ende mitansehen zu müssen, wie alles den Bach runterging.

Das Problem ist, dass wir aufgrund von Wunschdenken oftmals zu optimistisch planen und vorhersehbare Probleme ausblenden. Um das auszubalancieren, musst du aktiv nach möglichen Problemen suchen, bevor diese eintreten. Firmen wie Google oder Stripe machen daher regelmäßig zum Start größere Projekte ein sogenanntes Pre-Mortem. Seitdem ich diese Technik erlernt habe, mache ich ein Pre-Mortem vor jedem großen Projekt. Denn, es ist sehr wichtig.

Ein Pre-Mortem-Meeting ist das Pendant zum Post-Mortem, das man allerdings erst dann macht, nachdem ein Projekt bereits gescheitert ist. Beim Pre-Mortem stellt man sich jedoch nur vor, dass das Projekt gescheitert sei, bevor es überhaupt startet. Das hilft nicht nur dabei, realistischer zu planen und Probleme zu antizipieren, sondern kann auch die Erkenntnis bringen, dass es nicht sinnvoll ist zu starten, da die Grundlagen für ein erfolgreiches Projekt nicht geschaffen sind.

### Ablauf eines Pre-Mortems

Das Pre-Mortem funktioniert wie folgt:

1. Zuerst stellt sich das Team vor, dass das Projekt gescheitert ist, und überlegt, welche Faktoren dazu geführt haben könnten (z. B. als Brainwriting, jeder für sich, auf Haftnotizen).
2. Anschließend diskutiert und hinterfragt das Team die möglichen Gründe für das Scheitern: Was sind die grundlegenden Ursachen für die genannten Punkte? Die Dokumentation kann auf einem Whiteboard als Diagramm geschehen, mit je einer Achse für Eintrittswahrscheinlichkeit und einer Achse für Auswirkung.
3. Nun folgt die Identifizierung von Risiken und Maßnahmen: Basierend auf den diskutierten Gründen für das Scheitern sollte das Team die wahrscheinlichen Risiken identifizieren und Maßnahmen planen, um alle vermeidbaren Risiken zu minimieren oder zu beseitigen.
4. Abschließend priorisiert das Team die geplanten Maßnahmen und plant die Umsetzung dieser. Es ist auch die letzte Möglichkeit zu erkennen, ob das Projekt unter den gegebenen Umständen überhaupt Sinn macht. Denn sobald das Projekt gestartet ist, verstärkt sich der Sunk-Cost-Effekt (Kapitel 3). Ein Abbrechen wird dann deutlich schwieriger.

## Die Kunst, Rückschläge in Treibstoff zu verwandeln

Der Ingenieur Soichiro Honda gründete 1938 in Japan eine kleine Werkstatt, um Kolbenringe für Motoren zu produzieren. Doch, als er sein Produkt dem damals jungen Autobauer Toyota vorstellte, wurde ihm mitgeteilt, dass seine Kolbenringe nicht den hohen Qualitätsanforderungen des Unternehmens entsprechen. Ein erster Rückschlag. Trotzdem gab er nicht auf und erhielt schließlich nach vielen Jahren den Zuliefervertrag von Toyota. Doch dann verweigerte die japanische Regierung ihm die Bewilligung für Zement, den er für den Bau seiner Fabrik benötigte, da Japan zum Krieg aufrüstete. Gab er deswegen auf? Nein. Gemeinsam mit seiner Belegschaft entwickelte er ein Verfahren, um seinen eigenen Zement herzustellen.

Während des Krieges wurde eine seiner Fabriken von Bomben getroffen und dabei schwer beschädigt. Nur kurze Zeit später wurde seine zweite Fabrik von einem Erdbeben zerstört. Es schien so, als hätte Herr Honda sein Leben lang zum falschen Gott gebetet. Der Krieg traf Japan schwer. Nach dem Krieg war Benzin rar und teuer. Um Nahrung für seine Familie zu besorgen, montierte er aus Verzweiflung einen kleinen, benzinsparenden Motor an sein Fahrrad. Andere Menschen, die sein motorisiertes Fahrrad sahen, wollten das Gleiche haben. Das brachte ihn auf eine neue Idee. Doch leider war er inzwischen komplett mittellos. Um das Startkapital für seine neue Fabrik aufzubringen, schrieb er 18.000 Fahrradhändler an und erklärte ihnen, welche Rolle sie bei der Wiederbelebung der japanischen Wirtschaft spielen könnten. 5.000 davon ließen sich überzeugen und streckten ihm das erforderliche Startkapital vor.[138]

Trotz aller Rückschläge wie Ablehnung, Erdbeben und Krieg gab Soichiro Honda nie auf und fand immer wieder neue Wege, um seine Ziele zu erreichen. Heute ist der Honda-Konzern einer der größten Automobilhersteller der Welt und beschäftigt mehr als 200.000 Mitarbeiter.

## Es ist wichtig, einen langen Atem zu haben

Okay, in erster Linie ist es wichtig, einen frischen Atem zu haben. Aber, wenn wir das voraussetzen, zählt in der Innovation vor allem ein langer Atem. Wir haben gesehen, dass es schwierig ist zu prognostizieren, wann ein Trend relevant wird und gegebenenfalls einen Wendepunkt auslöst. Das schwerwiegendste Problem, das Unterschätzen exponentieller Entwicklungen in der frühen Phase, führt zum Verschlafen von Potenzialen und dem Verharmlosen möglicher Bedrohungen.

Jede Industrie durchläuft immer wieder dramatische Veränderungen. Innovative Unternehmen müssen sich daher entscheiden, ob sie es riskieren wollen, relevante Veränderungen zu spät zu bemerken oder – wie Apple mit ihren Tablets in den 1990er-Jahren – zu früh am Markt zu sein. Selbst, wenn du das Projekt hervorragend aufsetzt, Psychological Ownership von allen wichtigen Anspruchsgruppen, also Projektleitung, Projekt-Sponsoring und so weiter hast und die gröbsten Probleme im Vorfeld erkannt und aus dem Weg geräumt hast, kann es sein, dass dein Projekt länger dauert und mit vielen Rückschlägen zu kämpfen hat. Daher ist es wichtig, die langfristige Motivation aufrechtzuerhalten und Methoden in Petto zu haben, um mit Rückschlägen gut umzugehen.

## Wandle Rückschläge in Motivation um

Langwierige Projekte haben ein Problem: Positive Erfahrungen treten verzögert auf (z. B. Erfolg), während negative Erfahrungen in der Regel unmittelbar auftreten (z. B. Entbehrungen, Rückschläge). Aber, wenn das Ziel in weiter Ferne und dazu noch unsicher ist, sinkt unsere Motivation. Das Prinzip der kognitiven Neubewertung (Englisch: cognitive reappraisal), das ich dir in Kapitel 3 vorgestellt hatte, kann in diesem Fall helfen.

Die Forscherinnen Kaitlin Woolley und Ayelet Fischbach haben herausgefunden, dass die aktive Suche nach dem Unbehagen nicht nur dazu führt, dass Menschen mutiger, sondern auch langfristig motivierter werden.[139] Was? Ja!

Wir hatten gesehen, dass die Suche nach dem Unbehagen die Courage fördern kann. Ein weiterer Vorteil ist, dass Rückschläge in ein Wachstumssignal umgeframt werden können, welche die langfristige Motivation erhöhen können. Die Forscherinnen kommen auf Basis verschiedener Experimente zu dem Schluss, dass die Suche nach dem Unbehagen besonders dann motivierend ist, wenn positive Erfahrungen (z. B. Erfolg) verzögert auftreten – etwa Jahre oder Jahrzehnte später.

Die Canva-Gründerin Melanie Perkins schrieb mit Anfang 20, als niemand an ihre Vision von einer webbasierten Grafikdesign-Plattform glaubte, einen Brief an sich selbst. Zu diesem Zeitpunkt war sie von all den Zurückweisungen und Rückschlägen emotional gezeichnet. In dem Brief schrieb sie: „… wenn es keine Herausforderung wäre, würdest du dich nicht zufrieden fühlen, wenn du das Ziel erreicht hast.“[140]

Daher: Sei verliebt in schwierige Probleme und suche die Herausforderung! Mein ehemaliger Kollege bei der Innovationsberatung BMI Lab, Georg von der Ropp, sagt, man muss Rückschläge als „ungeplante Investitionen“ sehen, die im Gegenzug mannigfache Lernerfahrungen bringen.

## Schritt für Schritt, wild entschlossen

Jeff Bezos hat den Ausdruck „Gradatim Ferociter“ als Slogan für sein Raumfahrtunternehmen Blue Origin verwendet.[141] Der Ausdruck stammt aus dem Lateinischen und bedeutet auf Deutsch „Schritt für Schritt, wild entschlossen“. Er spiegelt Bezos’ Herangehensweise an die Verfolgung ehrgeiziger Ziele wider. Laut Bezos repräsentiert Gradatim Ferociter die Idee, sich schrittweise und methodisch vorzuarbeiten, während man eine unermüdliche und entschlossene Haltung beibehält. Es betont die Bedeutung kleiner Schritte und kontinuierlicher Verbesserung bei der Verfolgung langfristiger Ziele. Bezos glaubt an die Kraft von Geduld, Ausdauer und Widerstandsfähigkeit in Anbetracht von Herausforderungen. Er ist der Überzeugung, dass man, indem man komplexe Probleme in überschaubare Schritte unterteilt und kontinuierlich Fortschritte macht, im Laufe der Zeit bedeutende Leistungen erreichen kann.

## Sei hartnäckig, aber geistig flexibel

YouTube startete als Dating-Seite mit dem Slogan „Tune in, hook up", PayPal versuchte sich als Mobile-Payment-Provider für den Palm Pilot (einem Personal Digital Assistant), bevor die Firma Online-Payments entdeckte. Und mit der ersten Version von WhatsApp konnte man nicht einmal chatten. Dies sind nur drei von Hunderten an Beispielen, wie viele Consumer-Start-ups ihre Geschäftsidee veränderten, bis sie irgendwann Erfolg hatten. All diese Firmen haben es geschafft, dranzubleiben, aber waren dennoch geistig flexibel genug, ihre Idee zu verändern bzw. wie es im Start-up-Jargon heißt, zu pivotieren.

Es ist auffallend, wie viele der bekannten Start-ups zuerst Zeit und Energie in eine rückblickend falsche Idee gesteckt haben – was sich möglicherweise als Vorteil herausstellte. Und es macht auch Sinn. Wer etwas macht, wie an einer innovativen Idee zu arbeiten, beschäftigt sich sehr intensiv mit dem Thema. Eine Gründerin, die zum Beispiel ein Start-up aufbaut, merkt ganz genau, was in ihrem Umfeld passiert. Ihre Wahrnehmung wird intensiviert und wie durch eine Lupe fokussiert.

WhatsApp konnte in seiner ersten Version nur Status-Updates anzeigen. Man konnte also zum Beispiel zeigen, dass man gerade beim Tennis ist. Jedoch konnte man mit niemandem über die App schreiben. Doch ein paar Wochen, nachdem praktisch niemand die erste Version von WhatsApp genutzt hatte, kam eine neue Version des iPhone-Betriebssystems iOS heraus. Diese neue Version brachte Push-Nachrichten auf das iPhone. Die WhatsApp-Gründer – als Apple-Partner – erfuhren als eine der Ersten davon und erkannten sofort das Potenzial für ihre App.

Darauf integrierten sie eine Chat-Funktionalität in das bestehende WhatsApp und mussten dann nur noch ein Update machen. Dadurch hatte ihre App einen Zeitvorsprung von ein paar wenigen Tagen gegenüber komplett neuen Apps, die die gleiche Idee verfolgten, aber erst von Apple zugelassen werden mussten.

Fazit: Hartnäckigkeit zahlt sich in der Regel nur dann aus, wenn man offen für Neues und auch bereit ist, seine Ideen und Vorstellungen zum richtigen Zeitpunkt zu ändern.

## Sei kreativ, wenn es am schwersten ist

Sobald bei einem Innovationsprojekt Probleme auftauchen und die Zukunft düster aussieht, kann das Angst und Frustration auslösen. Techniken wie das Reframen von Angst in Begeisterung, wie wir in Kapitel 3 gesehen haben, sind sehr mächtig. Aber auch Kreativitätstechniken sind wichtige Werkzeuge, um neue Motivation zu schöpfen. Erscheinen Hindernisse unüberwindbar, ist es umso wichtiger, noch einmal an das Zeichenbrett zurückzukehren und nach Alternativen zu suchen. Nutze dafür zum Beispiel die 20-Ideen-Methode aus Kapitel 2. Du kannst fragen: Welche 20 Möglichkeiten gibt es, dieses Problem auf unterschiedlichste Art und Weise zu lösen?

Angst und Frustration verringern zwar deine Fähigkeit, kreativ zu denken. Umgekehrt ermöglicht dir jedoch kreatives Denken das Erkennen von neuen Optionen und in der Folge verringert es das Gefühl von Angst und Frustration. Wenn du in schwierigen Zeiten kreativ bist, kannst du große Hindernisse aus dem Weg räumen.

## Kommunikation ist essenziell

Das Chemieunternehmen Covestro entschied im Jahr 2016 auf Basis einiger Workshops, die mein Team und ich durchführten, ein neues E-Commerce-Angebot zu testen – eine Art „Amazon der Chemie". Wenig später übernahm der Venture-Manager Thorsten Lampe das Projekt, validierte in mehreren Iterationen das Geschäftsmodell und gründete später das neue E-Business als Spin-off unter dem Namen Asellion aus. Lampe erklärte mir später, dass eine permanente, offene Kommunikation über den Projektfortschritt eine der wichtigsten Erfolgsfaktoren war.[142] Jede Woche nahm sich Lampe die Zeit und machte ein konzerninternes Webinar, in dem er Kundenstimmen, Experimente und neueste Erkenntnisse vorstellte. Zweimal war ich bei einem solchen Update live dabei, da Lampe meine Seminare mit anderen Mitarbeitenden der Firma nutzte, um alle wichtigen Entscheider zu erreichen. Dadurch blieb Innovation auch für die Mitarbeitenden, die normalerweise wenig Berührungspunkte mit Innovation hatten (z. B. Legal, Procurement) kein abstraktes Thema. Praktisch alle wichtigen Leute in der Firma wussten mit der Zeit über das Projekt Bescheid, kannten Thorsten Lampes Namen und sein Gesicht.

Die Kommunikation über innovative Projekte ist ein essenzielles Thema. Viele Menschen in einem Konzern haben die Fähigkeit, Innovationen zu zerstören – absichtlich oder unabsichtlich. Wie du Innovation kommunizierst und andere zum Umdenken bewegst, erfährst du in Kapitel 6.

## Das richtige Set-up für langfristige Projekte

Vor ein paar Jahren half ich einem großen Schweizer Konsumgüterproduzenten dabei, neue Geschäftsmodelle zu entwickeln. Ich leitete bei einer der Tochterfirmen des Konzerns einen mehrtägigen Workshop mit mehr als 50 Angestellten. In den drei Tagen entwickelten wir 19 innovative Geschäftsmodelle und wählten am Ende sechs davon aus, die wir weiterentwickeln wollten. Ein paar Monate später wurde eine Idee bereits kommerziell gelauncht und wenig später als Spin-off ausgegründet. Mehr kann man sich als Innovationsberater nicht wünschen. Man ist ja so etwas Ähnliches wie ein Geburtshelfer für Innovation.

Tatsächlich werden die meisten Projekte nach einer kurzen Testphase beendet oder verlaufen im Sand. Also, was ist hier anders? Es waren zwei Dinge: Eine der Teilnehmenden des Workshops ging bereits am nächsten Tag zu ihrem Vorgesetzten und erklärte ihm, dass sie dieses Projekt machen werde – das war keine Frage, sondern eine Absichtserklärung, wie mir der Manager im Nachhinein persönlich erzählte. Die junge Frau war so begeistert von der Idee, dass sie entschied, das Projekt ohne Zeitverzug umzusetzen. Die zweite wichtige Komponente war der CEO der Firma, der die kompletten drei Tage beim Workshop anwesend war und anschließend eine Projektsponsorenrolle übernahm. Er machte sich für die zukünftige Projektleiterin stark und ermöglichte, dass diese sofort und ohne Zeitverlust mit dem Innovationsprojekt starten konnte. Später musste er das Projekt ein weiteres Mal verteidigen, diesmal vor der Konzernleitung. Denn die Innovation erzeugte – wie die meisten radikalen Innovationen – Tumult. Sie kannibalisierte einen Geschäftsbereich, und nicht jeder im Konzern war darüber glücklich.

Seit diesem Erlebnis bin ich davon überzeugt, dass das richtige Set-up für Innovationsprojekte mindestens so wichtig ist wie die Idee selbst oder das Timing. Die beste Idee mit dem perfekten Timing hat in einem Konzern keine Chance, wenn gewisse Grundlagen nicht gelegt sind. Die sogenannten „Antikörper“ einer Organisation, die Innovation wie eine Krankheit abwehren, sind effektiv. Ein Innovationsprojekt benötigt daher wie ein Supervirus eine intelligente Architektur, um an die Zellen der Organisation anzudocken.

## Menschen brauchen ein Gefühl von Inhaberschaft

Radikale Innovation ist immer irrational. Damit es dennoch jemand wagt, ein risikoreiches Projekt zu übernehmen, braucht es Psychological Ownership. Ich hatte erwähnt, dass das Investieren von Zeit und Energie starke Auslöser dafür sind. Insofern war es ein enormer Vorteil, dass beim erwähnten Konsumgüterproduzenten sowohl die zukünftige Projektleiterin als auch der CEO als zukünftiger Sponsor an diesem Workshop teilgenommen hatten.

Projektsponsorship ist essenziell. Allerdings funktioniert das nur, wenn die Sponsorin ebenfalls Psychological Ownership für das Projekt hat, und die Aufgabe – das Projekt zu schützen und zu unterstützen – nicht nur als Formalität sieht.

Ein Konzernumfeld ist eine nahezu tödliche Umgebung für Innovation. Je nachdem, welche Rolle du übernimmst, musst du Rückendeckung geben oder dafür sorgen, dass du sie bekommst. Die Erfindung des iPods war Apples große Innovation, welche die Firma Anfang der 2000er-Jahre wieder auf die Gewinnerstraße führte, nachdem Apple Ende der 1990er-Jahre bereits kurz vor der Insolvenz stand. Doch auch dieses extrem erfolgreiche Projekt hatte mit Widerständen zu kämpfen. Tony Fadell, der das iPod-Team leitete, schreibt in dem Buch *Build*: „Ein Grund dafür, dass es uns gelang, ein hervorragendes Team für die Entwicklung des iPods zusammenzustellen, war, dass unser Team relativ hohe Aktien- und Bonuspläne erhielt, die sie nirgendwo sonst bei Apple bekommen konnten. Der andere wichtige Grund war, dass wir Steve Jobs voll hinter uns hatten. Diese beiden Dinge ermöglichten es uns, großartige Leute einzustellen – auch, wenn wir ihnen nicht sagen konnten, woran sie arbeiten würden, bevor sie unterschrieben – und die internen Antikörper zu überleben."[143]

Psychological Ownership ist aber nicht nur für die Sponsoren wichtig, sondern auch für die Menschen, die die Innovation später implementieren und skalieren sollen. Wenn eine Idee zum Beispiel in einem Innovation Lab entwickelt wird und später von einer Business Unit umgesetzt werden soll, ist es essenziell, die Menschen aus der Business Unit so früh wie möglich in den Entwicklungsprozess einzubinden. Sonst entsteht das, was im Innovationsmanagement als Not-invented-here-Syndrom bekannt ist: Eine Idee wird schon aus dem Grund abgelehnt, weil sie woanders entwickelt wurde.

## DIE WICHTIGSTEN ERKENNTNISSE DIESES KAPITELS

1. Impulsivität und fehlende strategische Passung führen dazu, dass Projekte von Anfang an unter einem schlechten Stern stehen.
2. Aufgrund von Wunschdenken wirst du die Länge des Zeitraums eines Projekts in der Regel unterschätzen.
3. Ohne Psychological Ownership werden Projekte oftmals zu früh beendet.
4. Mach vor jedem Projekt ein Pre-Mortem und beschäftige dich mit möglichen Problemen oder Rückschlägen, bevor sie eintreffen.
5. Achte darauf, dass das Innovationsteam aus Individuen besteht, die über eine hohe kognitive Reflexion verfügen und gut im Kommunizieren sind.
6. Verzögere deine Intuition. Gib den Dingen Zeit und lass dein Unbewusstsein arbeiten, bevor du dich entscheidest, ein Innovationsprojekt zu starten.
7. Hartnäckigkeit zahlt sich nur dann aus, wenn du bereit bist, deine alten Ideen zu verwerfen und Neues auszuprobieren.
8. Nutze kognitive Neubewertung, um Rückschläge in Motivation zu wandeln.
9. Die Geschäftsleitung muss frühzeitig und intensiv eingebunden sein.

KAPITEL 6

# ANDERE ZUM UMDENKEN BEWEGEN

Körpersprache sagt viel über Menschen aus. Ich hatte in einem meiner Seminare einen Manager, der ungefähr so locker war wie ein seekranker Olaf Scholz. Seine Arme waren verschränkt, sein Blick starrte ins Leere und sein ganzer Habitus wollte eigentlich sagen: „Warum nur werde ich gezwungen, mir diesen ganzen Innovationsschwachsinn anzuhören?“ Der Kunde, der mein Team und mich beauftragt hatte, war ein großes, deutsches, börsennotiertes Unternehmen, das mehr Innovations-Mindset in alle Managementlevel bringen wollte. Wir hatten das Programm für das Topmanagement des Konzerns konzipiert. Wir verbrachten zwei Tage in der Schweiz und ich hatte eine Reihe von Professoren der Universität St. Gallen eingeladen, um vor dem Management über Innovation zu sprechen. Ein paar Wochen später ging es in San Francisco mit Vorträgen von Professoren der Stanford University und den heißesten Start-ups des Silicon Valley weiter. Über das Programm hinweg beobachtete ich den Manager und erkannte, dass seine Körpersprache sich Schritt für Schritt lockerte. Unser Innovations-Brainwashing schien zu wirken, freute ich mich diebisch. Am letzten Tag des Trainings saß ich mit ihm und einigen anderen mitten im Zentrum von San Francisco in einem deutschen Biergarten (ich weiß doch, was meine Kunden mögen). Wir lachten, sprachen über neue Geschäftsmodelle, und derselbe Manager, der noch vor ein paar Wochen so charismatisch wie ein Kreidefelsen war, gab mir plötzlich – ich konnte es kaum fassen – ein High Five! Hatte sich etwa bei ihm was verändert oder lag es nur an dem guten deutschen Bier? Wenn ich ehrlich bin, ich glaube, das deutsche Bier unter der kalifornischen Nachmittagssonne spielte wohl die größere Rolle. Auch die vielen Start-up-Besuche im Silicon Valley und die andauernden Gespräche über Innovation hatten ihren Priming-Effekt. Doch die Gefahr, dass Menschen sich wie immer verhalten, wenn sie am nächsten Montag wieder an ihrem Computer sitzen und in ihre Excel-Tabellen starren, ist groß. Später erfuhr ich, dass mein neuer High-Five-Freund auch nach dem Training weiterhin einigen Innovatoren im Unternehmen große Steine in den Weg rollte.

Innovation kann von vielen Menschen im Unternehmen verhindert werden. Und Menschen zum Umdenken zu bewegen, ist keine einfache, und erst recht keine schnelle Angelegenheit.

Bevor ich dieses Buch schrieb, testete ich die Inhalte dieser Seiten mit einem Prototyp. Der Prototyp war ein Live-Online-Kurs, den ich mit drei Unternehmen über jeweils mehrere Wochen durchführte. Einige Monate nach diesem Kurs interviewte ich einige der ehemaligen Teilnehmenden und fragte sie: „Und, was ist bei dir hängengeblieben? Was war für dich rückblickend besonders wichtig?“ Die Antwort war ganz klar: die Frage, wie man Menschen von Innovation überzeugen kann, die nicht das Innovations-Mindset haben.

Oftmals arbeiten im Innovationsmanagement Einzelkämpfer, die täglich gegen die Behäbigkeit der Organisation ankämpfen müssen. Sie müssen die überzeugen, die andere Bedürfnisse, Probleme und Ziele haben. Also, wie macht man das am besten?

Viele Menschen wissen eigentlich, dass Innovation wichtig ist, haben aber das Mindset nicht verinnerlicht. Das zeigt sich daran, dass sie zwar grundsätzlich verstehen, dass jedes Unternehmen Kreativität, Mut und langfristiges Denken braucht, doch sobald diese Dinge im Wettbewerb mit operativen Zielen stehen, werden Innovationsprojekte fallengelassen wie ein heißes Knollengemüse.

Sobald dieselben Menschen allerdings das Gefühl haben, dass sie etwas verlieren oder etwas Wichtiges verpassen könnten, ist das Interesse an Innovation wieder da. Sie sind ambivalent und gelegentlich opportunistisch. In diesem Kapitel werde ich dir zeigen, welche Taktiken, Tools und psychologischen Tricks es gibt, um diese Ambivalenz zu nutzen und Menschen zum Umdenken zu bewegen.

## Innovation zur Norm machen

Es ist der 18. Dezember 2022 und im Lusail Stadium in Katar geht es zwischen Frankreich und Argentinien um den wichtigsten Titel in der Männer-Fußballwelt: die Fußballweltmeisterschaft. Nach der Verlängerung steht es 3:3 und es kommt zur Entscheidung per Elfmeterschießen. Der Torwart der Franzosen, Hugo Lloris, hat die Chance, sein Team wieder ins Rennen zu bringen, wenn er den nächsten Schuss hält. Lloris hatte bereits ein Tor von Lionel Messi kassiert. Hingegen konnte der argentinische Torwart Emiliano Martínez bereits einen von zwei Schüssen der Franzosen halten. Demnach liegt Frankreich zurück. Der Argentinier Paulo Dybala ist als Nächster dran, um auf das Tor von Lloris zu schießen. Wird er nach links oder rechts schießen? Schießt er schnell oder verzögert? Lloris springt nach links, doch Dybala ist ein abgebrühter Torschütze. Er schickt den Ball direkt in die Mitte des Tors. Was wie ein selbstmörderischer Schuss aussieht, ist in Wahrheit eine der besten Strategien beim Elfmeterschießen. Es braucht allerdings etwas Mumm, direkt in die Mitte, also direkt auf den Torwart zu schießen. Der Franzose Randal Kolo Muani macht es später Dybala gleich und schickt einen Treffer direkt in die Mitte des argentinischen Tors. Doch der Franzose kann den Spielausgang nicht mehr zu seinen Gunsten beeinflussen. Argentinien gewinnt schließlich 4:2 im Elfmeterschießen und wird damit zum dritten Mal Fußballweltmeister.

Was fällt auf? Bei allen Schüssen bei diesem Elfmeterschießen im Finale sprangen sowohl Hugo Lloris als auch sein Kontrahent Emiliano Martínez jedes Mal in eine der beiden Ecken. Beide Top-Torwarte blieben kein einziges Mal im Zentrum des Tors stehen. Und das ist keine Seltenheit.

## Der Action-Bias ist der Grund, warum Torwarte „immer" springen

Eine interessante Studie über Torwarte in Profifußballligen hat Erstaunliches gezeigt.[144] Die meisten Torwarte springen bei einem Elfmeter, obwohl dies – ähnlich wie dem Monty-Hall-Problem mit den drei Toren (siehe Kapitel 1) – ihre Chance auf Erfolg verringert. Wenn Torwarte im Zentrum bleiben, haben sie statistisch gesehen eine 33 %ige Chance, den Schuss zu halten. Wenn sie in eine der beiden Seiten springen, haben sie noch eine 13–14 %ige Chance.

Die nackten Zahlen suggerieren, dass die bevorzugte Wahl der Torwarte daher nicht zu springen sein müsste. Das Gegenteil ist aber der Fall. In 94 % der analysierten Tore entschieden sich die Torwarte, zu springen, während sie nur in 6 % in der Mitte stehenblieben. Wie kann es sein, dass absolute Profi-Torwarte eine Handlung ausführen, die ihre Wahrscheinlichkeit, ein Tor zu halten, mehr als halbiert?

Eine mögliche Erklärung dafür wäre, dass die Torschützen nur selten auf die Mitte des Tors schießen. Das ist aber nicht der Fall. In der Studie gingen 29 % der 286 analysierten Schüsse auf die Mitte des Tors, also nur etwas weniger als in die linke (32 %) oder rechte (39 %) Seite.

Die Antwort für dieses irrationale Verhalten ist der Action-Bias, eine seltene Umkehrung des Omission-Bias. In Situationen, wo die Aktion – in dem Fall das Springen – zur Norm wird, reagieren die Menschen entsprechend der Norm. Torwarte können es sich schlichtweg nicht leisten, einfach nur in der Mitte stehenzubleiben und nur ihre Arme auszustrecken, auch wenn dies statistisch gesehen ihre Chancen maximieren würde. Unbewusst spüren sie die drohende Blamage und machen stattdessen lieber eine Aktion, die – falls sie erfolgreich ausgeht – heldenhaft aussieht.

## Beim Action-Bias wird die Aktion zur Norm

Torwarte springen, weil es die Norm ist, zu springen. Dies ist eine interessante Erkenntnis. Üblicherweise ist das Nichtstun die bevorzugte Wahl der meisten Menschen. Wir hatten die Themen Status-quo-Bias und Omission-Bias bereits am Anfang des Buches diskutiert. Menschen haben Angst vor Veränderung, Risiken gehen sie lieber aus dem Weg. Und etwas zu tun, erscheint ihnen als das größere Risiko, als nichts zu tun (Omission-Bias). Aber das gilt nur, wenn nichts zu tun als die Norm gilt.

Letztendlich tun Menschen alles, um nicht „dumm dazustehen". Wer sich beim Monty-Hall-Problem umentscheidet (Aktion) und dadurch den Hauptgewinn verpasst, empfindet großes Bedauern und Schmerz. Dadurch ist bei dem Monty-Hall-Problem das Nichtstun die Norm und die Aktion wird vermieden (siehe Kapitel 1).

Für einen Torwart ist es genau umgekehrt. Der, der nicht springt, und dadurch ein Tor zulässt, hat den größeren Schmerz, da er sich der Blamage aussetzt. „Situative Normen sind gesellschaftlich geteilte Überzeugungen, die das Ergebnis von Sozialisation und assoziativem Lernen sind", so Professor Ap Dijksterhuis.[145]

Menschen verhalten sich unbewusst entsprechend der Norm. Zum Beispiel flüstern sie in einer Bibliothek. Und das liegt nicht an der offiziellen Regel einer Bibliothek. Bei einem Experiment wurden den Teilnehmenden der Studie ein Bild von einer

Bibliothek gezeigt. Das Resultat? Die Stimmintensität der Teilnehmenden nahm ab, als sie dem Bild ausgesetzt waren, was darauf hindeutet, dass sie sich aufgrund des Priming-Effekts so verhielten, wie es der Norm entsprach, nämlich still zu sein – sie taten dies komplett unbewusst.

Während ich diese Zeilen schreibe, sitze ich im Co-Working-Space WeWork in Berlin. Hier gibt es einen Ruhebereich zum konzentrierten Arbeiten, der mit vielen Büchern in Bücherregalen ausgestattet ist. Selbst die Lampen in diesem Bereich sind einer Stadtbibliothek nachempfunden. Zufall? Ganz sicher nicht!

Die Norm wird durch viele kleine und große Dinge in einer Organisation beeinflusst. Wenn du daher Innovation fördern möchtest, indem du Innovation zur Norm machst, musst du dich mit all diesen kleinen Dingen, die die Norm beeinflussen, beschäftigen.

## Die Gründungsgeschichte reicht nicht aus

Microsoft und Apple sind zwei Paradebeispiele von Unternehmen, die es bereits seit mehr als 40 Jahren gibt, sich aber immer wieder neu erfunden haben. Bei Unternehmen, die regelmäßig Innovationen auf den Markt bringen, ist Innovation die Norm – auch, wenn diese von allein nicht ewig so bleibt. Wenn man jedoch nur weit genug zurückgeht, hat fast jede Firma einmal mit einer Innovation begonnen. Siemens etwa revolutionierte Mitte des 19. Jahrhunderts die Kommunikationstechnik mit dem Zeigertelegrafen und Thomas Edisons' Erfindung der Glühbirne war die Grundlage für den US-amerikanischen Mischkonzern General Electric. Sollte man daher vielleicht einfach die Gründungsgeschichte in den Vordergrund stellen, um zu verdeutlichen, dass Innovation Teil der Identität ist?

Das klingt eigentlich ganz gut. Aber, wenn du die Überschrift zu diesem Absatz gelesen hast, ahnst du es bereits. Denn die

Gefahr besteht, dass die Botschaft rüberkommt, dass man einmal am Anfang innovativ war, aber das schon lange her ist – bei Siemens und General Electric stammen die genannten Beispiele aus dem vorletzten Jahrhundert.

Bei einem Experiment wurde die Verschmutzung von Hausfluren betrachtet, abhängig davon, wie vermüllt die Hausflure bereits waren. Falls überall schon Müll herumlag, haben die Hausbewohner die Werbezettel aus ihrem Briefkasten einfach auf den Boden fallen lassen. Dreck zu machen, war die Norm und daher nicht mehr mit Scham verbunden. Falls der Hausflur jedoch blitzblank war, sodass man vom Boden hätte essen können, ließ fast niemand Müll auf den sauberen Boden fallen. Sich ordentlich zu verhalten, war dann die Norm. Doch am wenigsten wurden die Hausflure verschmutzt, die nicht komplett sauber waren. Bei dieser Variante des Experiments lag ein einzelnes angebissenes Wassermelonenstück auf dem Boden. Es gibt den schönen deutschen Satz: Ausnahmen bestätigen die Regel. Diese Ausnahme – das angebissene Stück Melone – ließ den Rest des Hausflurs noch sauberer erscheinen. Die Ausnahme bestätigte sozusagen die Norm.[146]

Du musst daher darauf achten, dass Innovation nicht wie das angebissene Stück Wassermelone als Ausnahme betrachtet wird. Demzufolge brauchen wir eine ganze Reihe von Maßnahmen, wenn wir die Norm verändern wollen, und nicht nur ein einziges Beispiel oder Leuchtturmprojekt, auf das wir verweisen können.

## Du kannst die Präferenzen von Menschen beeinflussen

Fassen wir zusammen: Menschen sind sehr stark von Normen beeinflusst. Dessen sind sie sich größtenteils nicht bewusst, da diese Beeinflussung außerhalb ihrer bewussten Wahrnehmung stattfindet. In den meisten Fällen ist es die Norm, nichts zu tun. Nichts zu tun wird als sicherer empfunden als das Risiko, etwas

Falsches zu tun. Das liegt daran, dass sie es mehr bereuen, wenn sie etwas aktiv unternehmen, was sich letztendlich als Fehler herausstellt. Wenn jedoch das Nichtstun als bedauerlicher und peinlicher empfunden wird, kehrt sich die Norm um. Dann wird das Tun attraktiver als das Nichtstun. Dann Springen Torwarte athletisch in die Torecken und schlagen sich auf die Brust, während sie gleichzeitig ihre Erfolgsaussichten verpfuschen.

Ob Menschen nun Präferenzen für das Nichtstun haben oder für Aktion, hängt daher davon ab, wie eine Situation geframt ist. Wenn du eine Organisation aus dem Winterschlaf holen und mehr Innovation fördern möchtest, musst du dieses Framing aktiv beeinflussen. Je nach Position, die du in deinem Unternehmen hast, stehen dir Top-down- und Bottom-up-Strategien zur Verfügung, die ich dir auf den nächsten Seiten vorstellen werde.

## Top-down-Strategien für mehr Innovation

Erinnerst du dich an die Geschichte von der Geschäftsleitung des Audiotechnik-Unternehmens, die leicht enttäuscht war, da die Pitches der Teams am Ende des Intrapreneurship-Programms doch nicht so mutig und wegweisend waren (Kapitel 3)? So ein Programm kann sinnvoll sein, um Innovation als Norm zu etablieren, aber es reicht nicht aus. Die Teilnehmenden hatten Angst, sich mit etwas zu Innovativen aus dem Fenster zu lehnen. Sie hatten eine Vermutung, dass es sich nicht auszahlte, in dem Unternehmen zu sehr von der Norm abzuweichen.

Daher müssen wir die Norm verändern und das Nichtstun (das Nicht-innovativ-Sein) in eine mögliche Blamage verwandeln.

Die folgenden Top-down-Strategien können helfen, Innovation als Norm zu etablieren. Je klarer die Norm ist, mutiger und langfristiger zu handeln, desto einfacher ist es für die Mitarbeitenden, sich daran zu orientieren.

## Erschaffe eine positive und inspirierende Mission

Der ehemalige Microsoft-CEO Steve Ballmer schrieb im Jahr 2008 an die Microsoft-Belegschaft eine E-Mail, welche die Prioritäten für das nächste Jahr darlegte. Unter anderem schrieb er darin:

> *„Daher sind meine Prioritäten die* ***gleichen*** *wie im letzten Jahr. Im GJ 09 müssen wir* ***weiterhin***
>
> 1. *in die richtigen Gelegenheiten investieren,*
> 2. *unsere Präsenz bei Windows, Office und Entwicklern ausbauen,*
> 3. *Begeisterung der Endbenutzer für unsere Produkte fördern,*
> 4. *Software mit Dienstleistungen verbinden und*
> 5. *Konzentration auf hervorragende Leistungen der Mitarbeiter legen."*[147]

Spürst du auch die Begeisterung, Aufbruchstimmung und den Mut zur Veränderung? Ja – ich auch nicht. Niemand, der das liest, wird sich danach motiviert fühlen, große Probleme zu lösen oder völlig neue, radikale Ideen zu verfolgen. Wenn wir uns hingegen mit etwas beschäftigen, das größer ist als wir selbst, steigert das unsere langfristige Motivation und Courage.

Eine große, ambitionierte Vision hat viele positive Eigenschaften. Sie fördert Kreativität. Sie zieht Menschen an, die mutig sind, langfristig denken und nicht schnell aufgeben. Mitarbeitende zu bitten, „out-of-the-box" zu denken, wenn die Vision lautet, die Marktanteile für Windows und Office-Produkte auszubauen, ist ein Widerspruch in sich. Denn das Denken in bestehenden Produktkategorien ist ein Denken innerhalb der Box.

Innovative Unternehmen sollten daher einen Massive Transformative Purpose (kurz: MTP) haben, schreibt Salim Ismail in seinem Buch *Exponential Organizations*. Ein MTP ist „der höhere, angestrebte Zweck der Organisation. […] Einige wollen den Planeten verändern, andere nur eine Branche. Aber radikaler Wandel ist das Ziel."[148] Eine inspirierende Mission sollte ambitioniert, einzigartig und technologieoffen sein. Wenn diese Mission von der Geschäftsleitung vorgelebt wird und nicht nur auf einer Corporate Website steht, verleiht ihr das einen normativen Charakter.

## Probleme in inspirierende Missionen und Visionen umframen

Einige NGOs und Forschungsinstitute warnen seit einigen Jahren davor, dass es bereits im Jahr 2050 mehr Plastik als Fische (bezogen auf das Gewicht) in unseren Weltmeeren geben könnte. Der 16-jährige Schüler Boyan Slat beschäftigte sich mit dem Thema der Verschmutzung der Weltmeere und erfuhr von dieser düsteren Prognose.[149] Er dachte: „Warum können wir den Müll nicht einfach wegräumen?" Diese Frage veranlasste ihn, für ein Schulprojekt das Problem der Plastikverschmutzung zu untersuchen. Er fand heraus, dass sich Plastik in fünf großen Ozeanwirbeln ansammelt; der größte davon ist der Great Pacific Garbage Patch. Im Jahr 2012 hielt Boyan Slat einen TEDx-Talk darüber, wie man die Weltmeere mithilfe von Technologie von Plastik befreien könnte. Das Video seines Vortrags ging viral und wenig später entstand aus dieser Idee The Ocean Cleanup Project. Das Ziel des Projekts ist, bis 2040 eine Verringerung des im Meer treibenden Plastiks um 90 % zu erreichen.

Ein anderes Beispiel: Das Computer-Vision-Start-up Luminar sagt, dass ihre Lidar-Systeme die Sitzgurte und Airbags von morgen sind.[150] Ihre Vision ist, 100 Millionen Leben zu retten und 100 Billionen Stunden in den nächsten 100 Jahren einzusparen.

Der Autor und Futurist Peter Diamandis sagt, „die größten Probleme der Welt sind die größten Märkte der Welt".[151] Dieser These folgend lässt sich jedes Problem in eine Herausforderung und diese wiederum in eine inspirierende Mission umframen. Aber was, wenn du nicht die Welt veränderst? Was tun, wenn deine Firma irgendetwas Langweiliges wie Fahrstühle baut?

Vor einigen Jahren sah ich mir einen Vortrag von Paul Friedli, einem Ingenieur von Schindler, ein traditionsreicher Hersteller von Aufzügen und Rolltreppen, an. Vor 25 Jahren erfand er dort das weltweit erste praktische Zielsteuerungssystem für Aufzüge. Die Vision dahinter, welche die Motivation für dieses schwierige Projekt lieferte, war es, 17 Menschenleben pro Tag einzusparen. Wie das? Friedli hatte ausgerechnet, dass man mit intelligenteren Zielsteuerungssystemen so viel Zeit sparen könnte, die Menschen heute verschwendeten, weil sie auf ineffiziente Fahrstühle warten, dass dies 17 Menschenleben pro Tag entspricht.

## Passe die Kommunikation deinem Publikum an

Man kann bei Zielen das Warum in den Mittelpunkt stellen (Englisch: why-framing) oder das Wie (Englisch: how-framing).[152] Wenn Ziele so geframt sind, dass das Warum im Vordergrund steht, ist dies motivierender und fördert die Hartnäckigkeit im Vergleich zu Zielen, bei denen das Wie im Vordergrund steht. Deswegen ist das Warum so wichtig. Innovatoren sollten jedoch von beiden Arten Gebrauch machen, da ein reines Why-Framing unter Umständen zu abstrakt sein kann. Ein ausschließliches How-Framing kann andererseits zu wenig überzeugend und motivierend sein.

Zudem solltest du deine Kommunikation auf deine Zielgruppe anpassen. Die Forscherin Denise Falchetti und ihre Kollegen Gino Cattani und Simone Ferriani haben untersucht, wie eine neue Innovation geframt werden sollte, damit sie Unterstützung findet.[153] In vier Experimenten fanden sie heraus, dass Innovatoren davon profitieren, wenn sie Framing-Strategien einsetzen, die mit dem Fachwissen des Publikums übereinstimmen. Ihre Erkenntnis: Neulinge, die sich weder mit dem Markt noch der Technologie beschäftigt haben, schätzen es, wenn bei neuen Ideen das Warum im Vordergrund steht (also Why-Framing nutzen). Hingegen bevorzugen Fachleute es, wenn bei neuen Ideen das Wie in den Vordergrund gestellt wird (demzufolge das How-Framing nutzen).

Daher solltest du dein Publikum ganz genau einschätzen. Wenn du eine neue Idee innerhalb eines Konzerns formulierst, solltest du allerdings herausstellen, wie dein Warum zur Konzern-Mission passt, da die strategische Passung, wie wir wissen, elementar ist.

## Definiere das Spielfeld

Führungskräfte haben die wichtige Aufgabe, die Arbeit so zu framen, dass sie auf die Unternehmensziele einzahlt und den Fokus auf die wichtigen Themen lenkt, sagt Management-Professorin Amy C. Edmondson.[154] Je klarer und eindeutiger dieser Frame ist, desto stärker prägt er die wahrgenommene Realität.

Als eine Führungsperson in deiner Firma framst du, was wichtig ist. Du definierst, welche Identität das Unternehmen hat und mit wem oder was sich die Mitarbeitenden vergleichen. Dazu musst du nicht in der Geschäftsleitung sein, obwohl diese Position einem natürlich die größte Framing-Macht gibt.

Ich erinnere mich etwa daran, wie der Innovationsleiter eines deutschen Dax-Konzerns in einem meiner Seminare ständig wiederholte: „Wir sind eine Technologiefirma." Er wollte, dass man sich in der Firma mit anderen „Peers" als immer nur mit den alten deutschen Industrieunternehmen verglich. Und Jeff Bezos liebte, solange er CEO von Amazon war, zu sagen: „Wir sind nicht mit dem aktuellen Quartal beschäftigt." Er betonte immer wieder, dass das aktuelle Quartal nur das Ergebnis von Entscheidungen ist, die sie vor mehreren Jahren getroffen hätten.

Wenn ein paar Individuen das immer wieder predigen, verändert das unbewusst den Rahmen (Branche, Zeithorizont etc.), in dem die anderen denken.

## Erfolg reframen

> Einen Beginner-Mindset zu erhalten,
> hilft uns, nicht Opfer unserer eigenen Erfolge zu werden
>
> ALEXANDER OSTERWALDER, CO-AUTOR VON *BUSINESS MODEL GENERATION*

Menschen streben Erfolg an. Genauer genommen streben sie das an, was als Erfolg geframt ist. Erfolg kann vielfach definiert werden. In manchen Unternehmen gilt es als Erfolg, wenn man schwierige Probleme löst, und in anderen, wenn man viel Geld verdient. In manchen Branchen ist man erfolgreich, wenn man seine Gegner besiegt, in anderen, wenn man am meisten dazulernt. Microsoft-CEO Satya Nadella sagte nicht ohne Grund: „Wir reden nicht mehr über Umsatz. Wir sprechen über die Kundenliebe." Denn Kundenliebe (Englisch: customer love) drückt aus, wie sehr sich Kunden mit deiner Marke und deinen Produkten verbunden fühlen. Starke Kundenliebe wiederum drückt sich in einem hohen Warenkorb, hoher Wiederkaufrate, Loyalität und Empfehlungsrate aus. Sie ist dadurch ein Leitindikator für den Umsatz. Durch den Fokus auf Kundenliebe lenkt er die Mitarbeitenden von Microsoft in eine ganz andere Richtung als sein Vorgänger Steve Ballmer, dessen wichtigstes Erfolgskriterium hohe Marktanteile waren. „Wenn wir einen Growth Mindset an den Tag legen, indem wir kundenorientiert, vielfältig und integrativ sind und als ‚One Microsoft' handeln, dann leben wir unsere Mission und bewirken wirklich etwas in der Welt", sagt Satya Nadella.[155]

Bei Innovationsprojekten hatte man lange Zeit auf klassische Erfolgskennzahlen wie Umsatzwachstum geschaut. Inzwischen gehen viele Firmen dazu über, Innovation Accounting einzusetzen. Innovation Accounting ist ein von Eric Ries entwickeltes Framework, um den Fortschritt von innovativen Projekten besser zu messen. Der Fokus liegt dabei auf validiertem Lernen, das bei den meisten Innovationsprojekten am Anfang wichtiger ist als der sichtbare Fortschritt (z. B. Anzahl Kunden, Verträge, Umsatz).

Beim Automobilzulieferer Bosch ist man inzwischen dazu übergegangen, keine Pitches mehr zu machen. „Bei unseren Innovationsprojekten werden nur noch Lessons-Learned-Meetings anstatt Pitches durchgeführt, um über die Zukunft von Innovationsprojekten zu entscheiden", sagt Uwe Kirschner, der bei Bosch Management Consulting weltweit die Entwicklung neuer Geschäftsmodelle unterstützt.[156] Bei diesen schaut man sich gemeinsam an, was man in den letzten Wochen gelernt hat. Dadurch wird validiertes Lernen als Erfolg geframt.

## Anreize auf Innovation drehen

Symbole wie der Eiszeitbär in der Eingangshalle bei Amazon oder das Bild einer Bibliothek, das Menschen dazu bewegt, leiser zu sprechen, beeinflussen unser Verhalten unbewusst.[157] Die Ursache dafür ist der Priming-Effekt. Aber auch Ziele, Metriken und Anreizsysteme haben einen sehr starken Einfluss auf das bewusste, aber auch unbewusste Verhalten der Mitarbeitenden. Ulrike Tagscherer, Chief Innovation Officer beim Roboterhersteller und Automatisierungsanbieter KUKA, sagt: „Es ist wichtig, dass Innovation den persönlichen Karriereweg positiv beeinflusst. Klassisch gehören beispielsweise mehrjährige Auslandsaufenthalte, Wechsel zu verschiedenen Tochterfirmen und Weiterbildungen an Top-Unis zu den Voraussetzungen für eine Konzernkarriere. Bei KUKA ist man mittlerweile dazu übergegangen, dass die Mitarbeit in einem Innovationsprojekt ebenso als Qualifikation für den nächsten Karriereschritt oder für die Aufnahme in den Talent-Pool gewertet wird.“[158]

Das Verankern von Innovation im Talentmanagement ist daher ein wichtiger Schritt, um Mitarbeitende für Innovation zu gewinnen und langfristig zu motivieren. Du solltest versuchen zu erreichen, dass es Menschen in deiner Organisation peinlich ist, wenn sie noch nie bei einem Innovationsprojekt mitgewirkt haben.

Des Weiteren musst du dir ganz genau überlegen, welche Ziele und Kennzahlen du erhalten, abschaffen oder neu einführen möchtest. Jede Art von Ziel führt zu einem unbewussten Prozess, der sich Automatic Goal Pursuit nennt.[159] Je mehr Ziele mit innovativem und langfristigem Denken verknüpft sind, desto eher werden sich Menschen gewohnheitsmäßig so verhalten, dass sie langfristige Innovationen fördern. Wenn die Festlegung von Zielen nicht direkt in deiner Einflusssphäre liegt, solltest du – soweit es geht – die verantwortlichen Personen diesbezüglich beeinflussen.

Mehr zum Thema Gesprächsführung und Beeinflussung findest du später in diesem Kapitel.

## Innovative Leistungen anerkennen

Menschen, die ein innovatives Unternehmen gründen (z. B. Start-ups), haben ein großes Wertsteigerungspotenzial, wenn sie erfolgreich sind. Das hedonistische Highlight ist dabei für einige das Klingeln der Glocke beim Börsengang an der Wall Street – und am nächsten Tag melden sich alle alten Schulfreunde und Ex-Beziehungen wieder, um einem zu gratulieren. Bei Corporate Innovation ist das nicht so. Eine Intrapreneurin im Konzern hat oftmals die gleichen Nachteile (Stress, Schlafentzug etc.) einer Entrepreneurin, oder sogar noch mehr (etwa durch firmeninterne Sabotageakte), aber eben nicht die gleichen Vorteile.

Es ist daher die Aufgabe der Geschäftsleitung und des Innovationsmanagements, innovative Leistungen, dort, wo es möglich ist, mit Anerkennung und finanziellen Anreizen attraktiv zu machen. Viele Firmen haben zum Beispiel Innovationspreise eingeführt, die sie für besonders innovative Leistungen vergeben. Anerkennung kann aber auch durch Erwähnungen der Innovatoren auf der Firmenwebsite oder den Social-Media-Profilen einer Organisation gegeben werden. Einige Unternehmen loben auch besondere Mitarbeiteranteile und Optionen aus. Der Projektleiter des iPod-Teams, Tony Fadell, schrieb, dass spezielle Aktien- und Bonusprogramme, die nur das iPod-Team bekam, halfen, ein großartiges, motiviertes Team zusammenzustellen.

## Projekte beenden, um geistige Kapazitäten zu schaffen

Ich bin davon überzeugt, dass viele Mitarbeitende gegenüber neuen Ideen und Innovationsprojekten aufgeschlossener wären, wenn sie nicht bereits so viele Projekte gleichzeitig bearbeiten würden. Aufgrund des Sunk-Cost-Effekts ist es allerdings nicht einfach, ein Projekt zu beenden. Daher häufen sich neue Projekte immer mehr an. Selbst, wenn dafür neue Ressourcen geschaffen werden (z. B. durch Einstellungen), wächst die Komplexität in der Firma an.

Bei der Firma Hilti werden beispielsweise jedes Jahr alle Aktivitäten einem „Pit Stop“ unterzogen. Das heißt, Projekte, die keinen entscheidenden Mehrwert bieten, werden abgebrochen. Natürlich besteht auch hier die Gefahr, wichtige Projekte zu früh zu beenden. Daher braucht es klare Regeln (z. B., dass die Innovation auf die Mission des Unternehmens einzahlt) und die richtigen Erfolgskennzahlen, um nicht die wichtigen Projekte zu stoppen. Entscheidend ist, sich den Sunk-Cost-Effekt bewusst zu machen und sich zu fragen: Was wäre, wenn wir noch keinen Cent in dieses Projekt investiert hätten? Würden wir das Projekt dann auch befürworten?

## Mache etwas zur Norm, indem du es wiederholst

Projekte zu stoppen, die nirgendwo hinführen oder nicht zur Mission des Unternehmens passen, ist wichtig. Das bedeutet aber nicht, dass du an einem Tag ein Innovationsprogramm mit viel Getöse starten solltest, um es ein paar Monate später wieder einzustampfen. Innovation braucht Beständigkeit, damit es zur Norm wird.

Beim erwähnten Intrapreneurship-Programm für neue Geschäftsmodelle des Audiotechnikunternehmens, das ich leitete, war nicht klar, ob dieses einmalig oder jährlich wiederholt werden sollte. Das Programm kam aus dem Nichts, wurde ein Jahr später mit internen Coaches noch einmal wiederholt und verschwand dann wieder. Solche Einmalaktionen sind gefährlich, da sie Innovation als Ausnahme von der Norm etablieren. Bildlich gesprochen war unser Programm das angebissene Stück Wassermelone im blitzblanken Hausflur.

Ein anderes Unternehmen, mit dem ich zusammenarbeite, machte ein „Jahr der Innovation“. Obwohl dies letztendlich ein guter Startschuss für viele Innovationsinitiativen war, halte ich dieses Wording für nicht sehr effektiv, um Innovation zur Norm zu machen. Egal, ob du einen Hackathon, ein Bootcamp oder einen Sprint planst – alles, was nach einer einmaligen Aktion klingt, solltest du vermeiden, da es Innovation zur Ausnahme erklärt. Gut sind wiederkehrende Events. Wenn du etwa jeden Monat eine externe Expertin einlädst, um über Dinge zu sprechen, die für die Zukunft des Unternehmens relevant sind, hilft das, den Blick zu erweitern. Versuche daher bei Innovation, Einmalaktionen zu vermeiden. Allerdings gibt es eine Ausnahme für diese Regel, wie du sehen wirst.

## Die Code-Red-Strategie, um Menschen aufzuwecken

> Um die Menschen aus ihrer Komfortzone zu vertreiben, musst du Unzufriedenheit, Frustration oder Wut über den aktuellen Zustand kultivieren und ihn so zu einem garantierten Verlust machen.
>
> ADAM GRANT, ORGANISATIONSPSYCHOLOGE UND AUTOR

Im Dezember 2022 schrieb die New York Times, dass das Management von Google einen Code Red an die Mitarbeitenden per E-Mail versendet hatte.[160] Ein Code Red bezieht sich auf eine dringende Situation, die sofortiges Handeln erfordert. Aber, was war der Grund für dieses drastische Handeln?

Drei Wochen, bevor die Code-Red-Warnung an die Öffentlichkeit gelangte, veröffentlichte das von Microsoft finanzierte Start-up OpenAI den Chatbot ChatGPT und eroberte damit die Welt im Sturm.[161] Für Googles Kerngeschäft, die Suche, hatte das große Implikationen. Denn, wer würde in Zukunft noch googeln, wenn ein Chatbot jede Frage in leicht verständlicher Sprache beantworten könnte? Zum ersten Mal in mehr als zwei Jahrzehnten war das unglaublich lukrative Kerngeschäft von Google ernsthaft bedroht. War die Reaktion von Googles Management übertrieben?

Die Forschung sagt nein.[162] Damit Menschen ihren Status quo aufgeben, braucht es das Gefühl von Dringlichkeit. Dass der Klimawandel eine gigantische Bedrohung für die Menschheit ist, ist seit den 1980er-Jahren kein Geheimnis mehr. Doch die Dringlichkeit zum Handeln blieb jahrzehntelang aus und ist bei vielen bis heute nicht angekommen. Es kann daher sinnvoll sein, Menschen in Panik zu versetzen, wenn man etwas verändern möchte. Der Launch von ChatGPT war ein Wendepunkt, den Google in seiner Härte und Geschwindigkeit unterschätzt hatte.

Wie ich bereits gezeigt habe, gibt es verschiedene Wege, um Menschen zu mehr Risikobereitschaft und Aktion zu bewegen.

Dabei ist die Strategie, einen Code Red auszurufen, der letztmögliche Weg. Die anderen Strategien verfolgen den Ansatz, Innovation langfristig als Norm zu etablieren. Die Code-Red-Strategie ist die Ausnahme: Sie sagt aus: „Wacht endlich aus dem Winterschlaf auf! Die Welt hat sich verändert!“ Diese Strategie darf allerdings nicht inflationär benutzt werden. Ein monatlich wiederkehrender Code Red wäre so sinnvoll und so erfreulich wie ein monatlich wiederkehrender Warnstreik der Müllabfuhr.

Wenn die Geschäftsleitung Innovation zur Norm machen will, muss sie darauf achten, eine attraktive und ambitionierte Mission zu kommunizieren. Sie muss definieren, mit wem man sich vergleichen will, was Erfolg bedeutet und Anreize für innovatives Denken und Handeln schaffen. Sie muss Innovation zur Norm machen und die Mitarbeitenden müssen ein (leichtes) Gefühl von Scham empfinden, wenn sie sich gar nicht mit innovativen Projekten beschäftigen.

## Bottom-up-Strategien für mehr Innovation

Auf den letzten Seiten ging es darum, wie die Führungsriege ihren Mitarbeitenden helfen kann, mutiger und innovativer zu denken, indem sie Innovation als Norm etabliert. Aber nicht immer erkennt die Geschäftsleitung die Brisanz einer Entwicklung und die Notwendigkeit zum Wandel. Oftmals sind es die Menschen, die nah am Kunden sind, die bemerken, dass sich da draußen etwas verändert. Oder es sind Leute aus der Forschung oder der Innovationsabteilung, die sich mit dem nächsten großen Ding beschäftigen, die erkennen, dass ein Wendepunkt bevorsteht. Daher stellt sich die Frage, wie andere Mitarbeitende in der Organisation (vor allem das mittlere Management) es schaffen können, die Leute in der Machtzentrale wachzurütteln.

Insbesondere für das Innovationsmanagement ist es wichtig, Methoden an der Hand zu haben, um auf die Unternehmensstrategie Einfluss auszuüben. Der Rest dieses Kapitels beschäftigt sich daher mit der Frage, welche Tools und Hebel für Bottom-up-Strategien zur Verfügung stehen, damit Mitarbeitende Innovation zur Norm machen können.

## Menschen haben Angst, zu verpassen und zu verlieren

Einer der stärksten Motivatoren ist zu schauen, was andere machen und sie gegebenenfalls nachzuahmen. Ich erinnere mich, dass ich mich früher am Esstisch immer daran orientiert habe, was mein großer Bruder gegessen hat. Viele Jahre habe ich daher jeden Abend Philadelphia-Frischkäse auf mein Brot geschmiert. Nachdem mein Bruder von zu Hause auszogen war, habe ich nie wieder auch nur einen Gedanken an diesen faden Frischkäse verschwendet.

Wir Menschen schauen ganz genau, was andere machen. Wenn die Geschäftsführung sieht, dass die Konkurrenz etwas Innovatives macht, weckt das sofort die Aufmerksamkeit – es stellt sich FOMO (fear of missing out) ein.

Wenn du Aufmerksamkeit für neue Themen schaffen willst, lohnt es sich daher zu zeigen, was die Konkurrenz in dem Bereich unternimmt. Allein dadurch bekommt ein Thema eine neue Dimension der Wichtigkeit.

## Sprich nicht von Chancen, sondern von verhinderten Bedrohungen

Für einen selbst mag es motivierender sein, eine Bedrohung in eine Herausforderung oder gar Chance umzuframen. Paradoxerweise reagieren andere Menschen wesentlich stärker auf Bedrohungen. Wie wir bereits gehört haben, haben Menschen eine

Präferenz, Verluste etwa zweimal höher zu gewichten als Gewinne (siehe Kapitel 1). Das heißt, dass ein Verlust gleicher Höhe uns etwa doppelt so sehr ärgert, wie ein Gewinn uns freut. Daher neigen wir im Normalfall dazu, Risiken zu vermeiden.

Wird jedoch ein positives Ergebnis als verhinderter Verlust empfunden (da es so geframt wurde) und nicht als Gewinn, sind Menschen eher bereit, Risiken einzugehen. Daher ist ein Code Red so mächtig. Nicht nur, dass er Dringlichkeit erzeugt und die Menschen aus ihrer Komfortzone katapultiert, er framt eine Veränderung im Markt eindeutig als Bedrohung. Er signalisiert die klare Botschaft: Wenn wir jetzt nicht handeln, werden wir alles verlieren. Umgekehrt kann auch das mittlere Management diese Technik einsetzen, um die Geschäftsleitung wachzurütteln.

## Kill the Company

Was machen wir, wenn die Geschäftsleitung den Ernst der Lage nicht erkennt? Lisa Bodell, Beraterin und Autorin des Buches *Kill the Company,* schlägt ihren Klienten vor, sich vorzustellen, der gefährlichste Konkurrent zu sein, und sich dann für 30 Minuten gemeinsam zu überlegen, wie man sein eigenes Unternehmen in den Ruin treiben könnte.[163] Anschließend wechselt man wieder die Perspektive und überlegt sich, wie man all diese Ideen nutzen kann, um stärker und agiler zu werden.

Ähnliche Varianten dieser Übung sind bekannt als „Grabrede“, „Attack yourself“ oder „Nightmare Competitor“. Was all diese Übungen gemeinsam haben, ist der Perspektivenwechsel, um sich ein Negativszenario in aller Pracht auszumalen. Diese Übung kann auch Top-down genutzt werden, doch sie entfaltet ihre volle Stärke, wenn die Geschäftsleitung die Notwendigkeit und vor allem die Dringlichkeit zum Wandel nicht erkennt. Da sich die Teilnehmenden der Übung das Negativszenario selbst ausmalen, entsteht Psychological Ownership. Es sind ihre eigenen Gedanken und Befürchtungen, die ihr Unternehmen – und dadurch auch ihren Arbeitsplatz – ruinieren könnten, und nicht die eines anderen. Das hat vielmehr Macht als jede Warnung.

## Die Grabrede

Die Grabrede ist eine Version von Kill the Company, die die Verlustaversion nutzt, um mehr Bereitschaft für Veränderung zu fördern. In meiner Zeit als Innovationsberater habe ich diese Übung in fast allen meinen Workshops angewendet, um die Menschen aufzurütteln. Vor allem, wenn die Geschäftsleitung anwesend war, war diese Übung sehr mächtig, um Menschen aus dem Status-quo-Denken herauszuholen.

Der Ablauf der Grabrede geht so:

1. Die Teilnehmenden stellen sich vor, sie befinden sich fünf bis zehn Jahre in der Zukunft und ihre Firma oder Business Unit steht vor dem Bankrott.
2. Nun sammeln sie mögliche Gründe für diese Entwicklung in Form eines morbiden Brainstormings.
3. Letztendlich erstellen sie eine in sich logische Geschichte, in Form einer Grabrede, die sie anschließend vor den anderen Teilnehmenden vortragen. Diese Rede hat folgenden Aufbau:

*Liebe Trauergemeinde,*
*wir sind heute im Jahr X zusammengekommen, um uns von unserem alten Freund (Firmenname) zu verabschieden.*
*Früher … (erkläre das alte Kerngeschäft)*
*Aber dann ... (erkläre, was bis zum Untergang des Unternehmens geschah)*
*Auf wiedersehen alter Freund.*

Das Interessante an dieser Übung ist, dass sie fast immer problemlos funktioniert, egal, wie gut es dem Unternehmen aktuell geht. Unser Geist ist sehr schnell in der Lage, eine plausible Geschichte zu erfinden, wenn das Ende (in diesem Fall der Untergang der Firma oder Business Unit) vorgegeben ist. Haben die Teilnehmenden bei der Übung tatsächlich Probleme, echte Bedrohungen zu erkennen, ist die Übung umso wichtiger. Mit ein paar gezielten zusätzlichen Fragen lässt sich das Bewusstsein der Teilnehmenden auf einige relevante Bedrohungen lenken, die sie momentan ausblenden. Verfolgt das Innovationsmanagement beispielsweise das Ziel, die Geschäftsleitung zum Umdenken zu bewegen, ist ein Verlust-Framing die stärkste Motivation.

Die meisten Menschen blenden die Gefahren durch das Nichtstun aus. Sinnvoll ist es daher, ihnen vor Augen zu führen, welche negativen Konsequenzen das Nichtstun für die Organisation hat. Wenn du es schaffst, die Konsequenzen des Nichtstuns deutlich zu machen, nutzt du Verlustaversion aus, um den Status-quo-Bias zu überwinden.

## Andere überzeugen mit Neugier, Empathie und Ermutigung

> **Die Menschen lassen sich besser von den Gründen überzeugen, die sie selbst entdeckt haben, als von denen, die anderen in den Sinn kommen.**
>
> BLAISE PASCAL, FRANZÖSISCHER PHILOSOPH

Es gibt immer Querulanten, die Innovation verhindern können. Die meisten von ihnen verstehen zwar grundsätzlich, dass Innovation wichtig ist, haben aber verborgene Ängste und Sorgen, die, wenn es darauf ankommt, dazu führen, dass sie zu Widersachern werden. Das gilt insbesondere bei radikaler Innovation, die viele Ängste auslöst. Was kannst du tun, damit diese Menschen mehr Mut fassen und Innovation unterstützen?

Dein Ziel sollte es sein, dass diese Menschen die Situation aus einer anderen Perspektive betrachten. Sie sollen sich bewusst machen, dass das Nichtstun unter Umständen gefährlicher sein kann als die Innovation. Aber leider kann man Menschen nicht einfach zum Umdenken zwingen.

Wenn du einen Workshop organisierst, kannst du viele der zuvor genannten Methoden anwenden. Du kannst die Innovation als verhinderten Verlust darstellen und FOMO nutzen, indem du herausstellst, was andere machen. Aber nicht immer gibt es diese Möglichkeit. Oftmals hast du nur die Chance, im Gespräch zu überzeugen. Dafür stelle ich dir auf den folgenden Seiten eine Gesprächstechnik vor, die du Top-down, aber auch Bottom-up einsetzen kannst, um andere zu bewegen, die Situation aus einer anderen Perspektive zu sehen.

## Vermeide den Righting- und den Yes-But-Reflex

Angenommen, du bist zuständig für Innovation in einer kleinen Firma, und hast mal wieder ein Meeting mit deiner Chefin. Seit Jahren sprecht ihr darüber, dass die Ressourcen für Innovation erhöht werden müssten. Du allein kannst es nicht reißen. Du brauchst Budget, Zeit und mehr Leute. Doch immer, wenn ihr auf das Thema zu sprechen kommt, vertröstet sie dich. Für heute hattest du dir vorgenommen, sie zu überzeugen, Innovation endlich ernst zu nehmen. Wie könnte das Gespräch ablaufen?

*Du: Ich wollte noch einmal über unseren Innovationsansatz sprechen.*

*Chefin: Na klar. Um was geht es?*

*Du: Innovation steht zwar auf meiner Visitenkarte, aber in Wahrheit haben wir seit zwei Jahren in diesem Bereich nichts unter-*

*nommen. Ich finde, wir sollten das Thema jetzt angehen, bevor unsere Konkurrenten uns komplett abhängen.*

*Chefin: Ja, ich wünschte auch, wir hätten die Kapazitäten aktuell dafür. Aber leider lassen mir die wirtschaftliche Entwicklung und unser Cashflow-Problem momentan keine andere Wahl.*

Was ist passiert? Du hättest in diesem Beispiel nichts erreicht. Ihr beide wollt zwar das Beste für die Firma, aber keine Seite verlässt ihre Perspektive. Du bist sofort zur Lösung des Problems gesprungen („das Thema jetzt angehen") und hast dieses mit einem Argument untermauert („bevor unsere Konkurrenten uns komplett abhängen"). Das ist der Righting-Reflex.[164] Wir sehen ein Problem und springen sofort zur Lösung. Deine Chefin hat sich daraufhin auch nicht lange mit deiner Perspektive beschäftigt. Sie hat zwar dem Punkt inhaltlich zugestimmt („Ja, ich wünschte auch"), aber ein Gegenargument geliefert, warum sich trotzdem nichts ändern wird („Aber leider lassen mir … momentan keine andere Wahl!"). Sie ist dem Yes-But-Reflex verfallen.

## Ein besserer Ansatz: Motivierende Gesprächsführung

Wenn wir versuchen, jemanden zu überzeugen oder zum Umdenken zu bewegen, führt das oft zu Widerstand, zu einem „Ja, aber". Ein besserer Ansatz ist die Motivierende Gesprächsführung (Englisch: motivational interviewing).[165] Diese Technik wurde ursprünglich von den Psychologen William Miller und Stephen Rollnik für die Behandlung von Suchterkrankungen entwickelt. Inzwischen wird sie jedoch in allen Gesundheitsbereichen und darüber hinaus (z. B. im Profisport) angewendet.

Das Prinzip basiert auf der Grundüberzeugung, dass Menschen sich am besten selbst überzeugen können. Die Motivierende Gesprächsführung ist erfolgreich, wenn du es schaffst, zuerst durch Neugier und Zuhören eine Verbindung aufzubauen. Dafür verwendest du sogenannte Listening Statements, das heißt, Aussagen, die spiegeln, was die anderen Personen bereits gesagt haben und dadurch Empathie erzeugen. Diese schauen wir uns gleich genauer an. Es ist wichtig, im Gespräch offen zu bleiben und zu lernen, was die Ziele und Sorgen des anderen wirklich sind. Irgendwann gibt es vielleicht einen Moment, in dem du heraushörst, dass die andere Person bereit für Wandel und Veränderung ist. Das nennt sich bei der Motivierenden Gesprächsführung Change Talk. Erst, wenn diese Basis erreicht ist, kannst du durch gezieltes Fragenstellen und Bestätigen den anderen zum Wandel oder Umdenken ermutigen.

Abschließend ist es wichtig, das Besprochene zusammenzufassen und einen Umsetzungsplan zu besprechen. Die drei wichtigsten Fähigkeiten, die du für die Motivierende Gesprächsführung entwickeln solltest, sind Fragen zu stellen, Zuhören und Zusammenfassen.

## Stelle Fragen mit Neugier und Unvoreingenommenheit

Wer das Ziel verfolgt, jemanden zu überzeugen, hat in der Regel eine Menge Annahmen im Kopf, was das Problem ist und was die richtige Lösung wäre. Eine Coachin etwa, die eine Athletin trainiert, hat aufgrund ihrer Erfahrung eine Vermutung, was die Athletin falsch macht, und ist versucht, eine Verbesserung vorzuschlagen. Ebenso könnte eine Therapeutin eine Vermutung haben, was die Ursache für die Drogenabhängigkeit einer Patientin sein könnte, und was die richtigen Schritte wären, um das Problem zu lösen. Aber, wie einfach und langweilig wäre unsere Welt, wenn man die Probleme nur anschauen müsste und der anderen Person unkompliziert eine Lösung präsentieren könnte?

Zum Glück – manchmal aber auch leider – ist unsere Welt nicht so langweilig, denn vor allem ungefragte Vorschläge stoßen in der Regel auf taube Ohren – egal, bei wem. Je weniger voreingenommen du bist, je mehr Neugier du ausstrahlst und je mehr du wirklich wissen willst, was dein Gegenüber denkt, desto eher kannst du eine Verbindung aufbauen. Diese Verbindung ist die Grundlage, um Menschen zum Umdenken zu bewegen. Offene Fragen wie „*Wie sieht unsere finanzielle Situation momentan aus?*" oder „*Was sind deine Gedanken bezüglich unserer Innovationsinitiativen?*" hätten womöglich im obigen Gesprächsbeispiel geholfen, die Seite der Geschäftsführerin besser zu verstehen und Empathie aufzubauen.

Die Fragen, die im Rahmen der Motivierenden Gesprächsführung verwendet werden, sind in der Regel zukunftsorientiert und ermöglichen, dass die andere Person selbst sagen kann, ob und wie eine Veränderung der Situation geschehen soll.

## Werde ein guter Zuhörer

> Im Herzen des Zuhörens liegt ein Ort des Wunderns.
>
> STEPHEN ROLLNIK, PSYCHOLOGE UND MITERFINDER DER MOTIVIERENDEN GESPRÄCHSFÜHRUNG

Dass man besser zuhören sollte, hast du bestimmt schon öfter gehört. Wie wichtig ist daher dieser Tipp? Sehr wichtig. Denn besseres Zuhören lässt sich erlernen. Deine Grundeinstellung ist entscheidend. Der Verkaufstrainer Brian Tracy sagt: Höre der Person gegenüber so zu, „als ob sie dir die Lotto-Gewinnzahlen verraten würde, aber sie dir nur einmal sagt".[166]

Am besten erreichst du diesen Fokus mit einem einfachen Tool – man könnte fast sagen, einem einfachen Trick, den bereits erwähnten Listening Statements. Listening Statements sind kurze, bestätigende Wiederholungen des Kerns der Sache, was die andere Person gerade eben gesagt hatte.

Wenn die Chefin aus dem obigen Beispiel also sagt: „*Ja, ich wünschte auch, wir hätten aktuell die Kapazitäten dafür. Aber leider lassen mir die wirtschaftliche Entwicklung und unser Cashflow-Problem momentan keine andere Wahl*", könnte dein Listening Statement daraufhin sein: „*Du wünschtest, wir hätten eine bessere wirtschaftliche Situation.*" Mit dem Listening Statement versuchst du nicht, das Gesagte zu verändern, sondern nur auf den Punkt wiederzugeben.

Ein Listening Statement hat drei entscheidende Vorteile:

1. Du zwingst dich, im Moment und bei deinem Gegenüber zu bleiben, statt bereits deinen nächsten Satz im Kopf zu formulieren.
2. Es entsteht ein gegenseitiges Gefühl von Verbindung und Verständnis.
3. Die andere Person wird dadurch motiviert, mehr zu erzählen und ihre tieferliegende Motivation preiszugeben.

## Listening Statements richtig verwenden

Listening Statements können, wenn sie richtig verwendet werden, sehr mächtig sein. In der Praxis ist das allerdings gar nicht so einfach, da man sich am Anfang, wenn man sich an die Technik gewöhnen möchte, unglaublich seltsam vorkommt. Die meisten Menschen sind es einfach nicht gewohnt, nur zuzuhören und zu spiegeln, was der andere gerade gesagt hat. Eines der größten Herausforderungen ist es, nach einem Listening Statement eine Pause zu machen und nichts weiter zu sagen. Der Impuls, direkt nach einem Listening Statement eine Frage zu stellen oder – noch schlimmer – einen Vorschlag zu machen, ist sehr groß. Schauen wir uns ein Beispiel an.

*Projektleiterin: Ich halte es nicht mehr aus. Diese Leute aus der Rechtsabteilung tun alles, um unser Projekt zu verhindern. Wir dürfen nicht einmal unseren MVP liveschalten.*

*Du: Du bist frustriert, weil die Leute aus der Rechtsabteilung dir Steine in den Weg legen. (Listening Statement) Hast du mal versucht, die mit zu einem Workshop einzuladen, damit sie von Anfang an involviert sind?*

Kommt dir dieses Verhalten bekannt vor? Man hört zu, man ist empathisch, man macht sogar ein Listening Statement, aber dennoch ist der Righting-Reflex sofort da. Stattdessen müsstest du folgendermaßen reagieren:

*Du: Du bist frustriert, weil die Leute aus der Rechtsabteilung dir Steine in den Weg legen. (Listening Statement, gefolgt von einer Pause)*

*Projektleitern: Genau! Diese Leute verstehen einfach nicht, was wir hier tun!*

*Du: Die Rechtsabteilung hat ein anderes Mindset als wir hier in der Innovation. (Listening Statement, gefolgt von einer Pause)*

*Projektleiterin: Ja, leider. Wir müssen irgendwie einen Weg finden, dass die uns besser verstehen, und realisieren, dass sie nicht immer unsere Projekte verhindern können.*

*Du: Wie könnte so ein Weg aussehen? (Offene Frage)*

Sobald du eine Bereitschaft zu Veränderung im Gespräch heraushörst, kannst du diesen Aspekt durch deine offenen Fragen oder Listening Statements fokussieren und das Gespräch darauf lenken.

## Ermutige zum Change Talk

Die meisten Menschen und Unternehmen sind in einem Dilemma gefangen: Sie wollen sich verändern, aber sie wollen sich der Herausforderung der Veränderung nicht stellen. Aber, wenn wir genau zuhören, erkennen wir die Bereitschaft zu Veränderung und können diese durch Listening Statements und offene Fragen ermutigen. Diese Bereitschaft zur Veränderung wird in der Motivierenden Gesprächsführung Change Talk genannt. Dieser ist vom sogenannten Stuck Talk zu unterscheiden. Stuck Talk herrscht, wenn jemand Gründe vorbringt, warum ein Wandel momentan (oder generell) nicht möglich ist. Im Unterschied dazu bietet Change Talk die Möglichkeit der Veränderung. Schauen wir uns die erste fiktive Situation noch einmal an, diesmal jedoch mit dem Einsatz von offenen Fragen und Listening Statements:

*Du: Ich wollte noch einmal über unseren Innovationsansatz sprechen.*

*Chefin: Na klar. Um was geht es?*

*Du: Innovation steht zwar auf meiner Visitenkarte, aber in Wahrheit haben wir seit zwei Jahren in diesem Bereich nichts unternommen. Was sind deine Gedanken dazu? (Offene Frage)*

*Chefin: Ja, ich wünschte, wir hätten aktuell die Kapazitäten, um mehr im Innovationsbereich zu machen. Ich bin die Letzte, die sich darüber freut, dass wir zwei Jahre lang in diesem Bereich nichts angestoßen haben. Aber du kennst ja unsere wirtschaftliche Lage. (Stuck Talk)*

*Du: Du wünschst dir, dass wir im Innovationsbereich mehr unternehmen würden, aber die wirtschaftliche Lage gibt es momentan nicht her. (Listening Statement)*

*Chefin: Richtig, sobald sich unsere wirtschaftliche Lage wieder entspannt, sollten wir Innovation wieder hoch auf die Agenda setzen. (Change Talk)*

*Du: Innovation ist dir sehr wichtig. (Listening Statement und gleichzeitig Förderung des Change Talks)*

*Chefin: Absolut! Und ich will, dass du diesen Bereich leitest. Dafür hatte ich dich ja ursprünglich eingestellt. (Change Talk)*

*Du: Was können wir tun, damit wir dieses Ziel so schnell wie möglich erreichen und nicht aufgrund der nächsten Krise Innovation wieder runterpriorisieren? (Offene Frage zur Förderung des Change Talks)*

## Das Wichtigste zusammenfassen

Vor allem bei längeren Gesprächen ist eine Zusammenfassung mit dem Fokus auf Change Talk sehr wichtig. Du willst verhindern, dass ihr nur ein „gutes Gespräch" hattet, an das sich später niemand mehr erinnert. Wichtig ist, den Kern des Gesprächs zusammenzufassen und dabei den Fokus auf Veränderung zu setzen, ohne jedoch Dinge hinzuzufügen, die nicht gesagt wurden oder deine eigene Meinung einzubringen. Fokussiere dich auf dein Gegenüber und nicht auf dich selbst. Wenn möglich, verwende genau die von der anderen Person gesagten Begriffe. Das ist stärker, als wenn du deine eigenen Begriffe erfindest. Am Ende deiner Zusammenfassung solltest du offen fragen, ob du das Wesentliche richtig erfasst hast, zum Beispiel mit: *„Habe ich etwas vergessen?"*.

Anschließend sollte die nächste Aktion, die zum Wandel führen kann, für beide Parteien klar sein. Wenn die nächste Aktion nicht klar sein sollte, kannst du zum Abschluss des Gesprächs fragen: *„Was wirst du als Nächstes in diesem Bereich tun?"* Das

Konsistenzprinzip sagt, dass Menschen eher etwas machen werden, das sie zuvor laut gesagt oder aufgeschrieben haben, als etwas, das nur ein Gedanke bleibt. Ein Dialog mit einer Zusammenfassung am Ende könnte daher wie folgt aussehen:

*Du: Was können wir tun, damit wir dieses Ziel so schnell wie möglich erreichen und nicht aufgrund der nächsten Krise Innovation wieder runterpriorisieren? (Offene Frage zur Förderung des Change Talks)*

*Chefin: Ich werde dafür Budgets für das nächste Jahr reservieren müssen. Das wird nicht viel sein, aber es wäre zumindest ein Anfang. Außerdem könnten wir versuchen, mit Hochschulen zu kooperieren. Wir werden in absehbarer Zeit nicht die wirtschaftlichen Mittel haben, eigene große Projekte zu machen, deshalb halte ich Kooperationen mit Forschungseinrichtungen für sehr wichtig.*

*Du: Über welche Budgetgrößen sprechen wir hier? (Offene Frage)*

*Chefin: Das kann ich nicht so aus dem Stegreif sagen, aber ich werde mich mit unseren CFO bei unserem nächsten Treffen darüber unterhalten.*

*Du: Ok, wenn ich dich richtig verstehe, dann wirst du dich in den nächsten Wochen mit unserem CFO über ein sicheres Innovationsbudget für das nächste Jahr verständigen. Und dieses Budget muss mindestens so groß sein, dass wir sinnvolle Kollaborationsprojekte mit Forschungseinrichtungen machen können. Habe ich etwas vergessen? (Zusammenfassung)*

*Chefin: Nein, das passt so.*

*Du: Wann sprechen wir wieder dazu? (Frage nach der nächsten Aktion)*

## Übung zur Motivierenden Gesprächsführung

Nutze private Gespräche, um die Techniken der Motivierenden Gesprächsführung zu üben. Keine Angst: Die Menschen merken das gar nicht, da es fast jeder genießt, wenn man einfach nur zuhört und spiegelt. Achte dabei auf die folgenden vier Punkte.

1. Fokussiere dich auf das Zuhören.
2. Verwende Listening Statements und nutze dabei die Sprache der anderen Person. Ein einfacher Trick ist, einfach die letzten drei Worte der anderen Person zu wiederholen.
3. Versuche, Change Talk zu identifizieren. Mache jedes Mal für dich eine mentale Notiz, wann immer du Change Talk oder auch Stuck Talk heraushörst.
4. Versuche, den Change Talk zu fördern, indem du in diesem Moment Listening Statements oder offene Fragen verwendest, die den Change Talk befeuern.

Am Anfang reicht es, wenn du dich auf das Zuhören konzentrierst, denn das ist bei fast jedem Menschen eine Schwäche. Du kannst das ganz einfach überprüfen.

Kennst du die folgenden fünf Dinge über die fünf wichtigsten Menschen in deinem Leben?

1. Lieblingskünstler oder -künstlerin
2. Engste Freunde mit Namen
3. Schönstes Erlebnis im Leben
4. Lieblingsessen
5. Was sie gerne besitzen würden

Wenn ja, dann bist du bereits sehr gut im Zuhören. Bravo! Wenn nicht, solltest du zuerst nur daran arbeiten. Versuche dann, Schritt für Schritt, auf mehr Punkte zu achten.

## Cheat Sheet zur Motivierenden Gesprächsführung

Für alle, die gerne knackige Listen statt lange Kapitel lesen …

Das Mindset:

- Sei aufrichtig neugierig und stelle offene Fragen.
- Sei empathisch und versuche, die Situation durch die Augen des Gegenübers zu sehen.
- Vertraue darauf, dass die andere Person auch Dinge ändern möchte.

Der Prozess:

1. Starte mit offenen Fragen.
2. Zeige Empathie mit mehreren Listening Statements.
3. Höre genau zu und versuche, Stuck Talk von Change Talk zu unterscheiden.
4. Ermutige durch Listening Statements und/oder offene Fragen die Bereitschaft zum Wandel.
5. Fasse das Gespräch zusammen und kläre den nächsten Schritt.

Vermeide diese Fehler:

- Mit einer klaren Vorstellung in das Gespräch gehen, wie die einzige Lösung auszusehen hat.
- Lösungen vorschnell präsentieren bzw. versuchen, das Gespräch dahin zu lenken.

## Warum funktioniert die Motivierende Gesprächsführung?

Bei der Motivierenden Gesprächsführung schaffst du Vertrauen und Verbindung. Das ist die Basis, um behutsam das Gespräch in Richtung Wandel zu lenken. Du machst das, indem du die Bereitschaft zur Veränderung hervorhebst, ohne diese dem Gegenüber aufzudrängen oder einzureden. Dein Ziel ist es nicht, ein Versprechen zu erpressen, das nicht eingehalten werden kann, sondern die wahre Bereitschaft zum Wandel zu entlocken. Du nutzt offene Fragen und Listening Statements, um Empathie zu zeigen und der anderen Person zu helfen, sich zu öffnen. Dadurch gräbst du tiefer, kannst blockierende Unsicherheiten beseitigen, die Motivation fördern und helfen, Pläne zur Veränderung zu konkretisieren.

Die Motivierende Gesprächsführung ermöglicht es der anderen Person, die Situation aus einer anderen Perspektive zu betrachten – sie zu reframen. Die Gesprächstechnik hat zudem den Effekt, dass man sich als Menschen gegenübersteht und nicht als Rollen oder gar Widersacher. Dadurch werden Vertrauen und zwischenmenschliche Beziehungen langfristig gefördert.

## Hilf anderen, die Perspektive zu wechseln

Wenn du mehr Innovation in deine Organisation bringen möchtest, sollte es dein Ziel sein, die Innovation zur Norm zu machen. Denn, solange Innovation eine Ausnahme bleibt, hat sie es schwer, denn Menschen verhalten sich angepasst zur Norm. Die Geschäftsleitung hat hierfür die größte Verantwortung. Aber auch andere Mitarbeitende können Einfluss nehmen. Dafür gibt es gute Tools. Wichtig ist zum Beispiel der Einsatz von Reframing, damit Innovation als verhinderter Verlust empfunden wird. Im direkten Gespräch ist der Einsatz von Motivierender Gesprächsführung sehr sinnvoll.

Im letzten Kapitel des Buches findest du eine Übersicht mit allen Reframing-Tools, die du einsetzen kannst, um Innovation zu fördern.

## DIE WICHTIGSTEN ERKENNTNISSE DIESES KAPITELS

1. Menschen verhalten sich passend zur Norm. Je nachdem kann Aktion oder Nichtstun die Norm sein.
2. Von der Norm abzuweichen, wird mit Peinlichkeit und Angst vor Reue verbunden.
3. Führungspersonen haben die Aufgabe, die Mission der Organisation, der Abteilung oder des Teams inspirierend zu gestalten und aktiv zu framen, was als Erfolg gilt.
4. Führungspersonen haben außerdem die Aufgabe, Anreize auf Innovation auszurichten.
5. Um eine lethargische Organisation von Innovation zu überzeugen, solltest du Innovation umframen, sodass sie als verhinderter Verlust empfunden wird.
6. Andere Menschen lassen sich am besten von ihren eigenen Gedanken und Argumenten überzeugen.
7. Vermeide den Righting-Reflex (Hier ist die Lösung!) und du wirst weniger Probleme mit dem Yes-But-Reflex (Ja, aber darum funktioniert sie nicht!) haben.
8. Gehe mit Neugier in ein Gespräch, entwickle Empathie durch gutes Zuhören und bestätige die Motivation zum Wandel, in dem Moment, wo du sie erkennst.

KAPITEL 7

# REFRAMING-TOOLS

Reframing ist ein mächtiges Tool, das du für mehr Kreativität, mehr Mut, langfristiges Denken, mehr Durchhaltevermögen, mehr Verhandlungsmacht und Umdenken einsetzen kannst. An dieser Aufzählung zeigt sich allerdings bereits, dass es nicht das „eine" Reframing gibt. Was alle Arten des Reframings jedoch gemein haben, ist, dass sie die Perspektive verändern. Dadurch tun sich neue Lösungen auf, Chancen werden sichtbar, Rückschläge wandeln sich in Erkenntnisse, Verkäufer wandeln sich in Käufer, Gewinne können sich in verhinderte Verluste transformieren und so weiter. Um diese Fähigkeiten zu erlernen, brauchst du häufige Anwendung. Je öfter du Reframing anwendest, desto eher wirst du es in wichtigen Situationen intuitiv nutzen.

Auf den folgenden Seiten stelle ich dir die wichtigsten Reframing-Tools inklusive Beispielen noch einmal in übersichtlicher Form vor.

## Erfolgs-Reframing

Beispielfragen: *Was sind die Vorteile eines Versuchs?* Oder: *Ist es bereits ein Erfolg, wenn ich mich traue, „Hallo" zu sagen?*

Was bedeutet für dich oder für deine Organisation Erfolg? Wenn man nur Gewinn oder Umsatz als Erfolgskennzahlen zählt, hat es die Innovation sehr schwer. Denn bei mutigen Innovationen lassen sich weder Gewinn noch Umsatz seriös vorhersagen. Wenn man hingegen etwa Lernfortschritt als Erfolg gelten lässt, schafft man ein Umfeld, das das Experimentieren fördert.

Das, was als Erfolg in einer Organisation kommuniziert wird, beeinflusst das Verhalten der Mitarbeitenden. Auch im privaten Umfeld sind wir oft zu angespannt, weil unsere Erfolgsdefinition zu anspruchsvoll ist. Statt eine Person anzusprechen, die wir kennenlernen wollen, sagen wir lieber nichts, weil wir Angst haben, dass wir nach dem Hallo nichts zu sagen haben. Wenn du deine Definition von Erfolg reframst (z. B. sich zu trauen, etwas zu sagen, ist bereits Erfolg), wirst du dir mehr zutrauen.

## Gewinn-/Verlust-Reframing

Beispielfrage: *Wie können wir den ein und denselben Sachverhalt als verhinderten Verlust statt als Gewinn (oder umgekehrt) darstellen?*

Laut der sogenannten Prospect Theory von Daniel Kahneman und Amos Tversky reagieren Menschen stärker auf Verluste als auf Gewinne gleichgroßer Größenordnung. Sie versuchen alles Mögliche, um Verluste zu vermeiden.

Bei einer Analyse von Strafverfahren in den USA aus dem Jahr 2004 kam der Autor Stephanos Bibas zu der Erkenntnis, dass Framing auch eine sehr große Rolle spielt, ob eine angeklagte Partei auf einen strafrechtlichen Vergleich eingeht oder nicht.[167] Wer sich beispielsweise in Freiheit befindet, wird eine mögliche Haftstrafe eher durch einen Verlust-Frame (Freiheitsverlust) sehen. Da Menschen dazu neigen, sichere Verluste zu vermeiden, sind die meisten bereit, eher eine längere Haftstrafe (z. B. sechs Monate) zu riskieren – im Falle einer Überführung –, statt sich auf einen Vergleich zu einigen, der ihre Haftstrafe reduzieren würde (z. B. nur zwei Monate). Die Hoffnung, nichts zu verlieren, macht diese Wahl tendenziell attraktiver. Umgekehrt neigen Menschen, die sich bereits in Untersuchungshaft befinden, dazu, einen Gewinn-Frame einzunehmen, denn jeder Tag weniger im Gefängnis ist ein Gewinn. Eine Verkürzung der Haft von sechs auf zwei Monate durch einen strafrechtlichen Vergleich erscheint einem dann als sicherer Gewinn, was diese Wahl attraktiver erscheinen lässt, als das Risiko, ganze sechs Monate in Haft zu bleiben.

## Hypothetisches Reframing

Beispielfrage: *Was wäre, wenn …?*

Beim hypothetischen Reframing geht es darum, anders zu denken, die Flughöhe zu verändern und sich freizumachen von reellen oder gedanklichen Limitierungen.

Das hypothetische Reframing bietet die Grundlage für kreative Problemlösungen und viele andere Reframing-Techniken. Die folgenden vier Reframing-Tools sind Unterformen des Hypothetischen Reframings.

### Denken in Extremen

Beispielfrage: *Was wäre, wenn wir unendlich viel Geld hätten?*

Das Denken in Extremen ist eine hervorragende Methode, um echte Probleme von scheinbaren Problemen zu unterscheiden. Eventuell würde die Firma das Projekt auch nicht machen, wenn man unendlich viel Geld hätte.

Ein anderes Beispiel: Statt die Kosten nur marginal zu optimieren, könnte man fragen: Was wäre, wenn wir 1 Million Raketen pro Jahr bauen würden? Was wären dann unsere Kosten pro Rakete? Warum sind sie höher als die reinen Materialkosten?

## Zeit-Reframing

Beispielfrage: *Angenommen, wir hätten nur 24 Stunden Zeit für die Lösung. Was würden wir anders machen?*

Jeff Bezos sagt, dass eine Frage, wie etwa den Welthunger zu besiegen, etwas ganz anderes ist, wenn man 100 statt fünf Jahre als Zeitrahmen festlegt. Wenn du gedanklich mit einem kurzen Zeitrahmen spielst, wirst du sehr praktische Ideen entwickeln. Wenn dein Zeitrahmen sehr ausgedehnt ist, wirst du wahrscheinlich größer, mutiger und ambitionierter denken.

## Stakes-Reframing

Beispielfrage: *Was wäre, wenn dein Leben von dem Erfolg abhängen würde?*

Wenn du dir diese Frage stellst, gewinnt eine Sache deutlich mehr Bedeutung. Erfolgreiche Menschen unterscheiden sich oftmals von weniger erfolgreichen, vor allem durch ihren unbändigen Willen zum Erfolg. Sie machen vieles genauso wie alle anderen, aber sie akzeptieren kein Scheitern. Sie verhalten sich so, als ob ihr Leben oder das ihrer Familie von dem Erfolg abhängen würde.

## Identitätswechsel

Beispiele: *Sich selbst mit „Du“ ansprechen und dadurch zum eigenen Coach werden. Oder die Frage: Was würde X tun?*

Ein Identitätswechsel kann Verzerrungen der eigenen Wahrnehmung korrigieren. Menschen fällt es leichter, gute Ratschläge zu geben, als diese selbst anzuwenden. Dieses Paradoxon wird als Solomon-Paradox bezeichnet.[168] In Experimenten konnte gezeigt werden, dass es helfen kann, sich in nervenaufreibenden Situationen in der zweiten Person anzusprechen, um die eigenen Emotionen zu beruhigen und rationales Denken zu fördern. Man wird seine eigene Coachin bzw. sein eigener Coach.

Indem man sich hingegen in jemand anderen hineinversetzt, kann das den Mut oder die Kreativität fördern. Es hilft auch, sich vorzustellen, wie jemand anderes auf eine Situation reagieren würde. Die verstorbene Basketballlegende Kobe Bryant hatte zum Beispiel einen unbändigen Siegeswillen. Um mutiger und entschlossener zu denken, kannst du dich etwa fragen: Was würde Kobe Bryant in meiner Situation tun?

## Kognitive Neubewertung

Beispielfrage: *Was ist das Großartige an dem Problem?*

Kognitive Neubewertung ist Reframing im Kopf, um eine bestimmte Situation oder einen Reiz anders zu interpretieren oder zu bewerten.

Durch die kognitive Neubewertung können wir versuchen, negative Emotionen zu reduzieren oder zu vermeiden und eine positive Reaktion zu fördern. Etwas, das uns negativ erscheint, können wir dadurch in etwas Positives umwandeln. Statt etwa in einer aufregenden, ungewohnten Situation zu denken „Ich habe Angst“, kannst du versuchen, die Stimme in deinem Kopf in „Ich bin begeistert/aufgeregt“ umzuwandeln. Du kannst versuchen, einen Rückschlag oder Schmerz (etwa Muskelkater) als Wachstumssignal zu interpretieren.

## Mehr-/Weniger-Reframing

Beispiel für weniger ist mehr: *Apple pries es als Vorteil an, dass man das iPhone ohne (Stylus) Pen benutzen konnte.*

Beispiel für mehr ist mehr: *Apple stellte den Apple Pencil für das iPad als Verbesserung vor.*

Ob mehr oder weniger besser ist, hängt davon ab, wie etwas geframt ist. Jemand im Verkauf behauptet etwa, dass seine Software nur ein einziges Problem löst und daher die beste Lösung sei. Jemand anderes behauptet, dass seine Software Dutzende von Problemen gleichermaßen löst und daher die bessere Lösung ist. Ist es besser, nur vier Stunden pro Woche zu arbeiten und den Rest der Zeit am Strand zu genießen, oder wie Elon Musk 70 Stunden pro Woche zu arbeiten? Ob mehr oder weniger besser oder schlechter ist, ist Sache des Framings.

## Nachteil-/Vorteil-Reframing

Beispielfrage: *Wie kann ich diesen Nachteil zu meinem Vorteil nutzen?*

Als Arnold Schwarzenegger in den späten 1960er-Jahren versuchte, ins Filmgeschäft einzusteigen, hatte er drei entscheidende Nachteile: Er hatte einen seltsamen Körper, der ihn auf wenige Rollen begrenzte, einen sehr starken österreichischen Akzent und einen unaussprechlichen Nachnamen.[169] In seinem ersten Film *Herkules in New York* wurde er deshalb im Abspann noch als Arnold Strong bezeichnet und selbst in der englischen Originalversion synchronisiert, da sein Akzent so stark war, dass man ihn kaum verstand. Doch ein paar Jahre später erkannte er, dass er seine Nachteile zum Vorteil nutzen könnte. Er arbeitete zwar an seinem Akzent, damit er zumindest verständlich wurde, erhielt ihn jedoch bis heute, da er ihn zu seinem Markenzeichen deklarierte. Ebenso nutzte er seinen ungewöhnlichen Nachnamen als Herausstellungsmerkmal. Schließlich bot sich sein Körper für Filmrollen in Actionfilmen an, die andere Schauspieler nicht glaubhaft spielen konnten.

## Normatives Reframing

Beispielfragen: *Was ist die Norm?* oder *Können wir die Norm verändern?*

Auf dem Dorf wird gegrüßt, aber nicht in der Stadt. Die meisten fühlen sich unwohl, wenn sie auf der Straße tanzen sollten – aber nicht auf einer Tanzfläche. Jede Kultur, jeder Ort, jede Industrie hat unsichtbare Normen.

Elon Musk hat beispielsweise erkannt, dass einige Industrien seltsame Normen haben. Er fragte sich, ob es normal wäre, jedes Flugzeug nach dem Flug abstürzen zu lassen. Ganz sicher nicht! Also, warum ist es dann bei Raketen normal?

Das Hinterfragen von Normen kann sehr mächtig sein. Aber, um von der Norm abzuweichen (etwa laut in der Bibliothek zu sprechen, als Torwart nicht zu springen etc.), braucht es Mut.

## Omission-Reframing

*Beispielfrage:* Was sind die Kosten des Nichtstuns? Oder: Welche Vorteile hat es, nichts zu tun?

Der Investor Warren Buffett sagt, dass er Unterlassungs- als die größeren Fehler als die Begehungsfehler sieht. Die Kosten des

Nichtstuns (Omission) können etwa große Investitionen sein, wie die eines Warren Buffett, oder die Immobilie, die man vor zehn Jahren hätte kaufen können. Es können aber auch Dinge im Alltag sein wie bei einem Vortrag, bei dem man sich nicht traut, eine Frage zu stellen. Wenn man eine Frage stellt, ist man in der Regel für den Rest des Tages lockerer und engagierter. Dadurch kommt man wiederum leichter mit anderen ins Gespräch. Es wird also angenehmer zu networken und man maximiert den Wert der Konferenzteilnahme.

Obwohl das Nichtstun der größere Fehler sein kann, fürchten und bereuen wir meist die Aktion, da sie offensichtlicher ist. Daher lohnt es sich, die Kosten des Nichtstuns bewusst zu machen. Doch es gibt Ausnahmen, in denen die Aktion zur Norm wird. Ein Sportverein, der schlecht spielt, ist fast gezwungen, seinen Trainer und einige Spieler zu wechseln. Nichts zu tun ist für das Management kaum eine Option. Wenn das Team jedoch aufgrund von Verletzungspech die letzte Saison schlecht gespielt hat, ist es vielleicht die bessere Strategie, nichts zu ändern. Dadurch kann sich die Mannschaft, sobald alle gesund und fit sind, endlich als Team einspielen.

## Positives/Negatives betonen

Beispielfrage: *Wie können wir denselben Sachverhalt positiver darstellen?*

Menschen kaufen lieber einen Joghurt, der 95 % fettfrei ist, als einen, der 5 % Fett enthält, oder ein Desinfektionsmittel, das 99 % aller Keime und Bakterien abtötet, statt eines, das nur 1 % der Keime und Bakterien überleben lässt. Rechnerisch ist das gleich, aber Menschen reagieren und entscheiden anders, wenn das Positive statt dem Negativen betont wird.

Es gibt immer Möglichkeiten, das Positive, Erstrebenswerte in den Vordergrund zu stellen. Der Effekt, dass Menschen aufgrund der Art und Weise, ob etwas positiv oder negativ geframt ist, anders entscheiden, wird jedoch abgeschwächt, je intensiver sie sich mit der Materie beschäftigen.[170]

## Problem-/Chance-Reframing

Beispielfrage: *Welche Chance verbirgt sich hinter dem Problem?*

Fast jedes Problem bietet auch eine Chance. Der an der Umwelt interessierte Schüler Boyan Slat wandelte das Problem, dass es bald mehr Plastik als Fische in den Ozeanen geben wird, in eine Chance um, die Meere bis zum Jahr 2040 größtenteils von dem umherschwimmenden Meeresplastik zu befreien und mit Recyclingprodukte sogar noch Geld verdienen zu können.

Wenn du Probleme als Chancen siehst, gibt es überall auf der Welt viele großartige Chancen.

## Problem-/Herausforderung-Reframing

Beispiel: *Es ist nicht einfach, zu gewinnen. Aber genau das macht es zur Herausforderung.*

Etwas als Herausforderung zu framen, ist positiver, als es als Problem zu sehen. An US-amerikanischen Schulen gelten etwa Schwarze nach wie vor als schlechter in Mathematik als ihre weißen Mitschülerinnen und Mitschüler. Dies ist ein hartnäckiges Vorurteil. Forscher haben untersucht, wie sich dieses Vorurteil auf ihre schulischen Leistungen auswirkt und ob ein Reframing als „Herausforderung“ einen Einfluss hat.

In einem Experiment bearbeiteten schwarze Schulkinder in North Carolina einen Mathematiktest.[171] Kinder, die vor dem Test ihre ethnische Zugehörigkeit angaben, schnitten schlechter ab als die, die ihre ethnische Zugehörigkeit erst nach dem Test mitteilten. Doch, wenn der Test als Herausforderung geframt wurde (der Test „schärft den Verstand") statt als Bedrohung (der Test „zeigt, wie gut du bist"), hatte die Angabe der ethnischen Zugehörigkeit vor dem Test keinen negativen Einfluss auf ihre Leistung.

## Problem-Reframing

Beispiel: *In einem Bürogebäude gibt es einen sehr langsamen Fahrstuhl, der die Mitarbeitenden verrückt macht. Die nahe liegende Lösung: Ein neuer, schnellerer Fahrstuhl. Problem-Reframing bedeutet hingegen, neue Fragen zu stellen:*

*Warum ist die Wartezeit so langweilig?*
*Warum müssen alle gleichzeitig den Fahrstuhl benutzen?*
*Warum sind so viele Menschen in dem Bürohaus?*
*Warum nehmen so wenige die Treppe?*

Problem-Reframing ist eine Methode, um eine neue Perspektive auf ein Problem zu gewinnen. Oftmals sind die anfänglichen Problemdefinitionen zu eng und führen zu begrenzten Lösungsansätzen. Beim Problem-Reframing geht es darum, das Problem aus verschiedenen Blickwinkeln zu betrachten, um neue Einsichten und Lösungsmöglichkeiten zu entdecken. Dabei fragst du dich: „Warum ist das Problem überhaupt ein Problem?"

Um auf neue Fragen zu kommen, bietet es sich an, ein Question-Burst (Kapitel 1) durchzuführen.

## Referenz-Reframing

Beispiel: *Apple bezeichnet die Vision Pro als Spatial Computer statt als Virtual-Reality-Brille.*

Je nachdem, mit wem oder was wir uns vergleichen, framt das unsere Realität, und beeinflusst, wie wir uns verhalten und wie andere uns wahrnehmen. Dadurch, dass Apple etwa die Vision Pro als eine neue Art Computer framt, wird sie als wichtiger und wertiger wahrgenommen, als wenn sie als Virtual-Reality-Brille geframt worden wäre. Diese wurden bisher so teuer wie Spielekonsolen verkauft (ca. 500 Euro). Der preisliche Referenzpunkt von Computern, wie etwa dem MacBook Pro, ist deutlich höher.

Ein anderes Beispiel: *Wenn ein Automobilkonzern sich als Mobilitätsanbieter versteht, ermöglicht das komplett neue Angebote.*

Eine Methode, um ein Referenz-Reframing zu machen, ist das Denken in Jobs-To-Be-Done (JTBD). Man fragt sich dann etwa: Welche (sozialen, funktionalen und emotionalen) Jobs erledigt ein Computer? Und wie können diese Jobs in Zukunft erledigt werden? Oder: Welche Jobs erledigt ein Automobil?

Das Denken in JTBD ermöglicht es, aus gewohnten Frames auszubrechen und neue Referenzpunkte zu entdecken.

## Status-Reframing

Beispielfrage: *Was bringst du mir als Investor, außer Geld? Warum sollte ich mich für dich entscheiden?*

Die Rollenverteilung ist meist durch den Status unbewusst definiert. Ein Fahrkartenkontrolleur hat im Zug in der Regel einen höheren Status als ein Fahrgast. Die Betonung liegt allerdings auf der Formulierung „in der Regel". In der Geschäftswelt gibt es oft die Situation, dass eine Partei als „Käuferin" und die andere als „Verkäuferin" geframt ist, wobei die Käuferin den höheren Status hat, da sie auswählen und entscheiden kann. Zum Beispiel sieht ein Start-up sich oft als „Verkäuferin", die versucht, andere von ihrer Idee oder Firma zu überzeugen. Im Hinterkopf haben die Gründer die Hoffnung auf viel Geld und gleichzeitig spüren sie die Angst, leer auszugehen. Die Investoren sitzen am längeren Hebel und wissen, dass dem Start-up bald das Geld ausgehen wird und sich die Verhandlungsmacht dadurch jeden Tag verringert.

Der mehrfache Gründer Mike Cassedy verfolgt ein anderes Modell.[172] Er verwendet Status-Reframing. Um sein jeweiliges Start-up zu pitchen, lud er alle Investoren am gleichen Tag ein und gab ihnen genau bis 17 Uhr Zeit, sich zu überlegen, ob sie ihm ein Angebot unterbreiten wollen. Wer die Deadline verpasst, war raus. Oftmals hatte er dadurch am gleichen Tag mehrere Angebote auf dem Tisch und konnte sich das beste aussuchen. Er hat die klassische Rollenverteilung umgeframt, macht sich selbst damit zum begehrten Preis, um den die Investoren buhlen.

## Unsicherheit in Neugier umframen

Beispielfrage: *Wie kann ich einen blinden Fleck in eine neugierig machende Frage umwandeln?*

Jede Innovation enthält unbewiesene Annahmen. Und viele dieser Annahmen werden falsch sein. Ein Gründerteam denkt vielleicht: „Unternehmen sind bereit, Geld für die Gesundheit ihrer Mitarbeitenden auszugeben." Doch statt gleich, wie in diesem

Beispiel, eine Lösung (z. B. ein Gesundheitsprogramm für Unternehmen) zu entwickeln und somit sozusagen im Dunkeln rumzustochern, lohnt es sich, die Annahme in eine oder mehrere offene Fragen umzuwandeln. Das lohnt sich vor allem zu Beginn des Innovationsprozesses oder wenn man in einer Sackgasse steckt. Eine Frage könnte dann etwa lauten: „Unter welchen Bedingungen sind Unternehmen bereit, Geld für die Gesundheit ihrer Mitarbeitenden auszugeben?“ und so weiter.

Unsicherheit kann zu Vorsicht und Resignation führen. Neugier hingegen ist der Weg zur Erkenntnis und Innovation.

## We-Framing

Beispielfrage: *Was können wir tun, um …?*

Beim We-Framing geht es darum, die Beziehung zu verändern, zum Beispiel von zwei Fremden oder gar Widersachern zu einem gemeinsamen Team oder Paar.

Flirten ist im Kern immer We-Framing. Beim Flirt ändert sich die Beziehung von zwei Fremden in eine potenzielle Paarbeziehung. Am ehesten stellt sich daher ein Flirt ein, wenn du das Wort „wir“ statt „du“ oder „ich“ im Gespräch verwendest.

Aber auch im Verkauf ist We-Framing sehr mächtig. Statt die „Verkäuferin“ zu bleiben, die der anderen Partei etwas verkaufen will, kannst du versuchen, dein Gegenüber in dein Boot zu holen. Du kannst beispielsweise etwas sagen wie „Was würde deine Chefin oder deinen Chef am ehesten überzeugen?“. Dadurch erzeugst du ein Gefühl von Verbundenheit. Aus „Ich gegen dich“ wird „Wir gegen die anderen“.

## Why-Framing

Beispielfrage: *Willst du für den Rest deines Lebens Zuckerwasser verkaufen oder mit mir kommen und die Welt verändern?*

Diese Frage stellte Apple Mitgründer Steve Jobs Anfang der 1980er-Jahre dem Präsidenten von Pepsi, John Sculley, als er versuchte, ihn von Pepsi abzuwerben.[173] Es war Jobs letzter Versuch, Scully dazu zu bringen, den CEO-Posten anzunehmen. Pepsi war damals bereits eine große und prestigereiche Firma. Doch Jobs framte Sculleys Job bei Pepsi in eine sehr profane Tätigkeit um (Zuckerwasser verkaufen), während die Computer-Industrie die Welt veränderte.

Das ist die Macht eines Why-Framings. John Sculley ließ sich davon überzeugen und nahm den Job an. Er wurde für die nächsten zehn Jahre der CEO von Apple.

## Danke

Eine ganze Reihe von Menschen hat mich zu diesem Buch inspiriert oder aktiv dabei unterstützt. Martin Fröhlich, mit dem ich mein erstes Startup gründete, ist ein geborener Meister im Reframing – vor allem im Status-Reframing. Viele Male beobachtete ich, wie er Türsteher, Fahrkartenkontrolleure und CEOs zu seinen Fans machte und die Realität vor meinen Augen sichtbar veränderte. Später lernte ich durch Videos von Charlie Houpert und Ben Altman (YouTube-Kanal: CharismaOnCommand), das Reframing-Konzept besser zu verstehen. Das war der Start meiner Reise.

Irgendwann entschied ich mich, ein ganzes Buch über dieses Thema zu schreiben. Und obwohl ich mir vorgenommen hatte, das Buch alleine zu schreiben, bin ich froh, dass mich so viele Menschen auf dem Weg unterstützt haben.

Moritz Gomm, der selbst gerade sein Buch *Gründen in 90 Tagen* veröffentlicht hatte, gab mir von Beginn an viele Tipps und ermutigte mich, mit dem Metropolitan Verlag zusammenzuarbeiten. Thomas Ramge half mir zu verstehen, wie ein Verlag tickt, was er erwartet und wie man ein überzeugendes Exposé schreibt. Anna Pfeiffer machte nicht nur das schöne Buchcover, sondern las auch jedes Wort, das ich schrieb, und gab mir viel wertvolles Feedback.

Danken möchte ich auch meinem Challenge Board bestehend aus Ulrike Tagscherer, Richard Lützner, Karel van Eechoud und Michael Lindberg, das alle paar Wochen ein neues Kapitel von mir durcharbeitete und mir in mehreren Interviews und

Telefonaten viele nützliche Anregungen gab. Georg von der Ropp war so nett und nahm sich die Zeit, das ganze Buch noch einmal in einem Rutsch zu lesen und gab mir weitere, wichtige Inputs. Rebecca Heil, Richard Lützner, Lea im Obersteg und Julian Struck gaben mir ausführliches Feedback zu meinem Online-Coaching-Programm *Innovation Mindset Mastery*, das viele Konzepte dieses Buchs behandelt. Diese Gespräche brachten mich darauf, aus dem Thema, wie man andere von Innovation überzeugt, ein eigenes Kapitel zu machen.

Der Rejection-Godfather Jia Jiang half mir mit seinem Sisiphi-Camp als virtueller Accountability-Partner, meine Motivation über die vielen Monate aufrechtzuerhalten und motivierte mich jeden Tag zu schreiben.

Zuletzt danke ich meiner Lektorin Melanie Krieger, die viele gute Fragen stellte und mir half, das Buch vor allem für Menschen lesbarer zu machen, die mit der Startup- und Innovationswelt weniger vertraut sind.

# Endnoten, Literatur- und Quellenverzeichnis


1 www.theatlantic.com/health/archive/2018/03/you-dont-know-yourself-as-well-as-you-think-you-do/554612/

2 Svenson, O. (1981): Are we all less risky and more skillful than our fellow drivers? Acta psychologica, 47(2), 143–148.

3 Sedikides, C./Meek, R./Alicke, M. D./Taylor, S. (2014): Behind bars but above the bar: Prisoners consider themselves more prosocial than non prisoners. British Journal of Social Psychology, 53(2), 396–403.

4 Barrett, L. F. (2018): How emotions are made. Pan Books.

5 www.smithsonianmag.com/science-nature/why-do-we-blink-so-frequently-172334883

6 www.energy.gov/nnsa/articles/visible-light-eye-opening-research-nnsa

7 Wilson, T. D. (2002): Strangers to ourselves: Discovering the adaptive unconscious. Belknap Press/Harvard University Press.

8 Kahneman, D. (2011): Thinking, fast and slow. macmillan.

9 Berger, J./Meredith, M./Wheeler, S. C. (2008): Contextual priming: Where people vote affects how they vote. Proceedings of the National Academy of Sciences, 105(26), 8846–8849.

10 Vohs, K. D./Mead, N. L./Goode, M. R. (2006): The psychological consequences of money. science, 314(5802), 1154–1156.

11 Kahneman, D. (2011): a. a. O.

12 Wegner, D. M. (2004): Précis of the illusion of conscious will. Behavioral and Brain Sciences, 27(5), 649–659.

13 Soon, C. S./Brass, M./Heinze, H. J./Haynes, J. D. (2008): Unconscious determinants of free decisions in the human brain. Nature neuroscience, 11(5), 543–545.

14 Schultze-Kraft, M./Birman, D./Rusconi, M./Allefeld, C./Görgen, K./Dähne, S./Blankertz, B./Haynes, J.-D. (2016): The point of no return in vetoing self-initiated movements. Proceedings of the National Academy of Sciences of the United States of America, 113(4), 1080–1085.

15 Kahneman, D. (2011), a. a. O.

[16] Granberg, D./Brown, T. A. (1995): The Monty Hall dilemma. Personality and social psychology bulletin.

[17] www.mathwarehouse.com/monty-hall-simulation-online/

[18] Samuelson, W./Zeckhauser, R. (1988): Status quo bias in decision making. Journal of risk and uncertainty, 1, 7–59; Louis, A. M. (1981): SCHLITZ CRAFTY TASTE TEST. Fortune, 103(2), 32–34; O'Hare, M. H./Bacow, L./Sanderson, D. (1983): Facility siting and public opposition.

[19] Ritov, I./Baron, J. (1992): Status-quo and omission bias. Journal of Risk and Uncertainty, 5, 49–61.

[20] Herbranson, W. T./Schroeder, J. (2010): Are birds smarter than mathematicians? Pigeons (Columba livia) perform optimally on a version of the Monty Hall Dilemma. Journal of Comparative Psychology, 124(1), 1.

[21] Entman, R. M. (1993): Framing: Toward clarification of a fractured paradigm. Journal of communication, 43(4), 51–58.

[22] Cornelissen, J. P./Werner, M. D. (2014): Putting framing in perspective: A review of framing and frame analysis across the management and organizational literature. Academy of Management Annals, 8(1), 181–235.

[23] www.youtube.com/watch?v=pdc7nDox4pY

[24] www.youtu.be/7rH_McisyEA?t=1599

[25] z. B. Thaler, R. H./Tversky, A./Kahneman, D./Schwartz, A. (1997): The effect of myopia and loss aversion on risk taking: An experimental test. The quarterly journal of economics, 112(2), 647–661; Tversky, A./Kahneman, D. (1992): Advances in prospect theory: Cumulative representation of uncertainty. Journal of Risk and uncertainty, 5, 297–323.

[26] Tversky, A./Kahneman, D. (1989): Rational choice and the framing of decisions. In: Multiple criteria decision making and risk analysis using microcomputers. Springer, 81–126.

[27] Sanford, A. J./Fay, N./Stewart, A./Moxey, L. (2002): Perspective in statements of quantity, with implications for consumer psychology. Psychological science, 13(2), 130–134.

[28] Steele, C. M./Aronson, J. (1995): Stereotype threat and the intellectual test performance of African Americans. Journal of personality and social psychology, 69(5), 797.

[29] Alter, A. L./Aronson, J./Darley, J. M./Rodriguez, C./Ruble, D. N. (2010): Rising to the threat: Reducing stereotype threat by reframing the threat as a challenge. Journal of Experimental Social Psychology, 46(1), 166–171.

[30] www.youtu.be/MnrJzXM7a6o

[31] www.youtu.be/vlBpDggX3iE?t=83
[32] Abraham, A. (2018): The neuroscience of creativity. Cambridge University Press.
[33] www.youtu.be/ZfKMq-rYtnc
[34] www.tagesanzeiger.ch/warum-wir-kreativitaet-lieben-nicht-aber-kreative-994361993223
[35] Zeigarnik, B. (1938): On finished and unfinished tasks.
[36] Allen, D. (2003): Getting things done: the art of stress-free productivity. Penguin.
[37] Grant, A. (2016): Originals: How non-conformists move the world. Viking.
[38] Berg, J. M. (2016): Balancing on the creative highwire: Forecasting the success of novel ideas in organizations. Administrative Science Quarterly, 61(3), 433–468.
[39] Vance, A. (2015): Elon Musk: How the billionaire CEO of SpaceX and Tesla is shaping our future. Random House.
[40] www.reddit.com/r/IAmA/comments/2rgsan/comment/cnfre0a/?utm_source=share&utm_medium=web2x&context=3
[41] Root-Bernstein, R./Allen, L./ Beach, L./Bhadula, R./Fast, J./Hosey, C./Weinlander, S. (2008): Arts foster scientific success: avocations of nobel, national academy, royal society, and sigma xi members. Journal of Psychology of Science and Technology, 1(2), 51–63.
[42] www.youtu.be/PVfd6fg7QsM
[43] www.youtu.be/F4s1Fyh4HAg
[44] Lucas, B. J./Nordgren, L. F. (2015): People underestimate the value of persistence for creative performance. Journal of Personality and Social Psychology, 109(2), 232.
[45] Isaacson, W. (2014): The innovators: how a group of hackers, geniuses, and geeks created the digital revolution. Thorndike Press, a part of Gale, Cengage Learning.
[46] Gassmann, O./Frankenberger, K./Csik, M. (2014): The business model navigator: 55 models that will revolutionise your business. Pearson UK.
[47] www.youtu.be/54OSbbtXrdI
[48] Wright, T. P. (1936): Factors affecting the cost of airplanes. Journal of the aeronautical sciences, 3(4), 122–128.
[49] www.youtube.com/live/l6T9xIeZTds
[50] https://mission-statement.com/tesla/
[51] Gregersen, H. (2018): Questions are the Answer. HarperCollins Publishers.
[52] https://hbr.org/2018/03/better-brainstorming

[53] Bargh, J. A./Chen, M./Burrows, L. (1996): Automaticity of social behavior: Direct effects of trait construct and stereotype activation on action. Journal of personality and social psychology, 71(2), 230.

[54] Guéguen, N. (2012) : Say it… near the flower shop: further evidence of the effect of flowers on mating. The Journal of social psychology, 152(5), 529–532.

[55] www.youtu.be/W608u6sBFpo

[56] https://venturebeat.com/offbeat/a-look-at-apples-insanely-ambitious-tree-planting-plans-for-its-new-spaceship-campus/

[57] Kurtzberg, T. R. (2005): Feeling creative, being creative: An empirical study of diversity and creativity in teams. Creativity Research Journal, 17(1), 51–65.

[58] Jeffers, S. (2012): Feel the fear and do it anyway. Random House.

[59] Kross, E./Bruehlman-Senecal, E./Park, J./Burson, A./Dougherty, A./ Shablack, H./Bremner, R./Moser, J./Ayduk, O. (2014): Self-talk as a regulatory mechanism: How you do it matters. Journal of Personality and Social Psychology, 106(2), 304–324.

[60] Baumeister, R. F./Tierney, J. (2011): Willpower: rediscovering the greatest human strength. Penguin Press.

[61] Gailliot, M. T./Baumeister, R. F. (2007): The physiology of willpower: Linking blood glucose to self-control. Personality and social psychology review, 11(4), 303–327.

[62] Arkes, H. R./Blumer, C. (1985): The psychology of sunk cost. Organizational behavior and human decision processes, 35(1), 124–140.

[63] Arkes, H. R./Ayton, P. (1999): The sunk cost and Concorde effects: Are humans less rational than lower animals? Psychological bulletin, 125*(5),* 591.

[64] https://twitter.com/reidhoffman/status/847142924240379904?s=20

[65] Cialdini, R. B. (2003): Influence. Influence At Work.

[66] www.youtube.com/watch?v=psPf-tx9OwY

[67] www.youtube.com/watch?v=e9JcX2X7XnM

[68] https://web.archive.org/web/20180325144602/http://content.time.com/time/specials/2007/time100/article/0,28804,1595326_1615754_1615746,00.html

[69] Pury, C. L. S. (2008): Can courage be learned. In: S. J. Lopez (Ed.): Positive psychology: Exploring human strengths, vol. 1: 109–130. Praeger Publishers.

[70] Bandura, A. (1994): Self-efficacy. In: Ramachaudran, V. S (Ed.): Encyclopedia of human behavior (4), 71–81.

[71] Jiang, J. (2016): Rejection Proof: How I Beat Fear and Became Invincible. Random House.

[72] Laviolette, E. M./Radu Lefebvre, M./Brunel, O. (2012) : The impact of story bound entrepreneurial role models on self efficacy and entrepreneurial intention. International Journal of Entrepreneurial Behavior & Research, 18(6), 720–742.

[73] Camuffo, A./Cordova, A./Gambardella, A./Spina, C. (2020): A scientific approach to entrepreneurial decision making: Evidence from a randomized control trial. Management Science, 66(2), 564–586.

[74] www.youtube.com/watch?v=23GzpbNUyI4&t=234s

[75] https://ingenuity.siemens.com/2021/07/why-purpose-driven-intra preneurs-make-the-difference/

[76] https://philiphorvath.medium.com/innovation-risk-reduction-matrix-for-intrapreneurs-f9852e4c1da3

[77] www.youtube.com/watch?v=-xZQ0YZ7ls4

[78] www.youtu.be/iE4jASYcopo

[79] Brooks, A. W. (2013): Worry at work: How state anxiety influences negotiations, advice, reappraisal, and performance. University of Pennsylvania.

[80] Woolley, K./Fishbach, A. (2022): Motivating personal growth by seeking discomfort. Psychological science, 33(4), 510–523.

[81] https://cloud.google.com/blog/products/maps-platform/9-things-know-about-googles-maps-data-beyond-map?hl=en

[82] Persönliches Interview mit Raphael Leiteritz am 28.01.2022

[83] www.youtube.com/watch?v=duwhXeXwtCY

[84] https://youtu.be/5J6jAC6XxAI

[85] Hirsh, J. B./Inzlicht, M. (2008): The devil you know: Neuroticism predicts neural response to uncertainty. Psychological science, 19(10), 962–967.

[86] Grant, A. (2016).

[87] https://rework.withgoogle.com/print/guides/5721312655835136/

[88] Edmondson, A. C. (2018): The fearless organization: Creating psychological safety in the workplace for learning, innovation, and growth. John Wiley & Sons.

[89] Man schafft nur ca. 7 Faltungen; vgl. www.geo.de/mitmachen/frage-des-tages/21990-quiz-frage-des-tages-2692019-wie-oft-laesst-sich-ein-din-a4-blatt

[90] https://review.firstround.com/How-design-thinking-transformed-Airbnb-from-failing-startup-to-billion-dollar-business

[91] https://youtu.be/W608u6sBFpo
[92] Croll A./Yoskovitz B. (2013): Lean analytics: use data to build a better startup faster (1st ed.). O'Reilly.
[93] Marriott International 49 Mrd. US-Dollar, Airbnb 71 Mrd. US-Dollar (Stand: 16.03.2023).
[94] https://achievement.org/video/raymond-kurzweil-18/
[95] https://blog.adobe.com/en/publish/2022/11/08/fast-forward-comparing-1980s-supercomputer-to-modern-smartphone
[96] www.kurzweilai.net/the-law-of-accelerating-returns
[97] https://web.archive.org/web/20120518101749/http://www.isc.org/solutions/survey/history
[98] Grove, A. S. (1996): Only the paranoid survive: how to exploit the crisis points that challenge every company and career (1st ed.). Currency Doubleday.
[99] www.quora.com/Who-said-I-think-theres-a-world-market-for-maybe-five-computers
[100] Ismail, S. (2014): Exponential Organizations: Why new organizations are ten times better, faster, and cheaper than yours (and what to do about it). Diversion Books.
[101] https://ieeexplore.ieee.org/abstract/document/5644774
[102] https://gizmodo.com/this-lost-speech-from-1983-will-make-you-think-that-ste-5948434
[103] https://arstechnica.com/gadgets/2022/06/remembering-apples-newton-30-years-on/4/
[104] www.gartner.com/en/research/methodologies/gartner-hype-cycle
[105] Brand, A. G. (1985–1986), Hot cognition: Emotions and writing behavior, JAC, 6, 5–15.
[106] Loewenstein, G./O'Donoghue, T./Rabin, M. (2003): Projection bias in predicting future utility. the Quarterly Journal of economics, 118(4), 1209–1248.
[107] www.digitalkameramuseum.de/de/geschichte
[108] www.digitalkameramuseum.de/de/digitalkameras/item/ds1p-de
[109] https://youtube.com/watch?v=sfGtw2C95Ms
[110] McGrath, R. G. (2019): Seeing around corners: how to spot inflection points in business before they happen. Houghton Mifflin Harcourt.
[111] Ebd.
[112] https://youtu.be/Yn0LNYt25PM
[113] https://youtu.be/O4MtQGRIIuA?t=278
[114] https://youtu.be/ErDZnpc3qgY

115 https://youtu.be/O4MtQGRIIuA

116 Stone, B. (2013): The everything store: Jeff Bezos and the age of Amazon. Random House.

117 https://youtu.be/O4MtQGRIIuA?t=1934

118 https://thehalloffossilhalls.wordpress.com/2022/01/02/random-fossils-in-random-places-googles-t-rex/

119 Mischel, W. (2014): The marshmallow test: Understanding self-control and how to master it. Random House.

120 Shtulman, A./Young, A. G. (2023): The development of cognitive reflection. Child Development Perspectives, 17(1), 59–66.

121 … und weniger Risiken: Menschen mit weniger kognitiver Reflexion würden beispielsweise auch eher 1.000 Euro sicher gegenüber einer 75 % Gewinnchance auf 4.000 Euro bevorzugen.

122 Frederick, S. (2005): Cognitive reflection and decision making. Journal of Economic perspectives, *19*(4), 25–42.

123 Newby-Clark, I. R./Ross, M./Buehler, R./Koehler, D. J./Griffin, D. (2000): People focus on optimistic scenarios and disregard pessimistic scenarios while predicting task completion times. Journal of experimental psychology: Applied, 6(3), 171.

124 Vance, A. (2015): Elon Musk: How the billionaire CEO of SpaceX and Tesla is shaping our future. Random House.

125 Balcetis, E./Dunning, D. (2010): Wishful seeing: More desired objects are seen as closer. Psychological science, 21(1), 147–152.

126 Persönliches Interview mit Karel van Eechoud am 05.11. 2021.

127 How Frequent Financial Reporting Causes Managerial Short-Termism: www.bauer.uh.edu/departments/accy/research/documents/Kanodia-paper.pdf; Does the cessation of quarterly earnings guidance reduce investors' short-termism? https://scholarcommons.scu.edu/cgi/view content.cgi?article=1019&context=accounting

128 www.nytimes.com/2004/04/29/business/letter-from-the-founders.html; https://abc.xyz/investor/founders-letters/2004-ipo-letter/

129 Pierce, J. L./Kostova, T./Dirks, K. T. (2001): Toward a theory of psychological ownership in organizations. The Academy of Management Review, 26(2), 298–310.

130 Norton, M. I./Mochon, D./Ariely, D. (2012): The IKEA effect: When labor leads to love. Journal of consumer psychology, 22(3), 453–460.

131 Berg, J. M./Yu, A. (2021): Getting the picture too late: Handoffs and the effectiveness of idea implementation in creative work. Academy of Management Journal, 64(4), 1191–1212.

[132] Miller, J./Kashani, K. (2003): Innovation and renovation: the Nespresso story. IMD Case study# IMD046.

[133] www.forbes.com/sites/tendayiviki/2016/09/04/five-reasons-your-boss-was-right-to-close-your-innovation-lab/?sh=31aa45431c45

[134] Fadell, T. (2022): Build: an unorthodox guide to making things worth making. HarperCollins.

[135] Dijksterhuis, A./Bos, M. W./Nordgren, L. F./Van Baaren, R. B. (2006): On making the right choice: The deliberation-without-attention effect. Science, 311(5763), 1005–1007.

[136] Miller, G. A. (1956): The magical number seven, plus or minus two: Some limits on our capacity for processing information. Psychological review, 63(2), 81.

[137] Fadell, T. (2022).

[138] Robbins, A. (1992): Awaken the giant within: how to take immediate control of your mental emotional physical & financial destiny! (1st Fireside). Simon & Schuster.

[139] Woolley, K./Fishbach, A. (2022): Motivating personal growth by seeking discomfort. Psychological science, 33(4), 510–523.

[140] https://youtu.be/Yn0LNYt25PM?t=730

[141] https://youtu.be/vhDRBPCOxmA

[142] Persönliches Interview mit Thorsten Lampe am 27.07.2022.

[143] Fadell, T. (2022).

[144] Bar-Eli, M./Azar, O. H./Ritov, I./Keidar-Levin, Y./Schein, G. (2007): Action bias among elite soccer goalkeepers: The case of penalty kicks. Journal of economic psychology, 28(5), 606–621.

[145] Aarts, H./Dijksterhuis, A. (2003): The silence of the library: environment, situational norm, and social behavior. Journal of personality and social psychology, 84(1), 18.

[146] Cialdini, R. B./Reno, R. R./Kallgren, C. A. (1990): A focus theory of normative conduct: Recycling the concept of norms to reduce littering in public places. Journal of personality and social psychology, 58*(6)*, 1015.

[147] https://vmblog.com/archive/2008/07/24/microsoft-ceo-steve-ballmer-s-memo-to-his-troops.aspx

[148] Ismail, S. (2014): Exponential Organizations. Diversion Books.

[149] https://theoceancleanup.com/about/

[150] www.luminartech.com/company

[151] Diamandis, P. H./Kotler, S. (2015): Bold: How To Go Big, Achieve Success, and Impact The World. Simon & Schuster.

[152] Fishbach, A. (2022): Get it done: surprising lessons from the science of motivation. Little, Brown Spark.
[153] Falchetti, D./Cattani, G./Ferriani, S. (2022): Start with "Why," but only if you have to: The strategic framing of novel ideas across different audiences. Strategic Management Journal, 43(1), 130–159.
[154] www.strategy-business.com/article/How-Fearless-Organizations-Succeed
[155] Nadella, S. (2018). Hit refresh. Bentang Pustaka.
[156] Persönliches Interview mit Uwe Kirschner am 14.12.2022.
[157] Aarts, H./Dijksterhuis, A. (2003), a. a. O.
[158] Persönliches Interview mit Ulrike Tagscherer am 09.08.2022.
[159] Lunenburg, F. C. (2011): Goal-setting theory of motivation. International journal of management, business, and administration, 15(1), 1–6.
[160] www.nytimes.com/2022/12/21/technology/ai-chatgpt-google-search.html; www.businessinsider.com/google-management-issues-code-red-over-chatgpt-report-2022-12
[161] https://techcrunch.com/2022/12/01/while-anticipation-builds-for-gpt-4-openai-quietly-releases-gpt-3-5/
[162] Kotter, J. P. (2012): Leading change. Harvard business press.
[163] https://bigthink.com/videos/lisa-bodell-kill-the-company-to-save-the-company/
[164] Rollnick, S./Fader, J. S./Breckon, J./Moyers, T. B. (2020): Coaching athletes to be their best: motivational interviewing in sports. The Guilford Press.
[165] Ebd.
[166] Tracy, B. (2006): The Psychology of Selling. HarperCollins Leadership.
[167] Bibas, S. (2004): Plea bargaining outside the shadow of trial. Harvard Law Review, 2463–2547.
[168] Grant, A. (2021): Think again: The power of knowing what you don't know. Viking, Penguin Random House.
[169] Schwarzenegger, A. (2012): Total recall: my unbelievably true life story. Simon & Schuster.
[170] Cheng, F. F./Wu, C. S. (2010): Debiasing the framing effect: The effect of warning and involvement. Decision Support Systems, 49(3), 328–334.
[171] Alter, A. L./Aronson, J./Darley, J. M./Rodriguez, C./Ruble, D. N. (2010): a. a. O.
[172] www.youtube.com/watch?v=z-fxZPocDTE
[173] www.pbs.org/nerds/part3.html

© Anna Pfeiffer

## DER AUTOR

Felix Hofmann ist Innovationsexperte, YouTuber und mehrfacher Gründer. Er war sieben Jahre lang Geschäftsführer des BMI Labs, einem Spin-off der Universität St. Gallen, das Unternehmen bei der Entwicklung neuer Geschäftsmodelle unterstützt. Als Innovationsberater moderierte er hunderte Workshops zum Thema Geschäftsmodellinnovation und unterstützte große europäische Konzerne in der Innovation. Nebenbei hilft er Start-ups als Mentor bei mehreren internationalen Start-up-Programmen.

Zuvor war er Mitgründer von PaperC, Deutschlands Start-up des Jahres 2009, einer Plattform für akademische eBooks, deren Co-CEO er vier Jahre lang war. Außerdem ist er Mitgründer von FIVE, einem Schweizer Naturkosmetik-Start-up, das in der TV-Show „Die Höhle der Löwen" bekannt wurde.

Felix Hofmann studierte Business Innovation M. A. an der Universität St. Gallen in der Schweiz.

Seine Leidenschaft ist die Rolle von Mensch und Psychologie in der Innovation und die Beantwortung der Frage: Warum schaffen es ein paar Ausnahmen, wirklich neue Dinge in die Welt zu bringen, während die meisten Firmen sich damit schwertun und scheitern?

## Online-Kurs

Du möchtest all diese Reframing-Tools anwenden? Du willst lernen, wie man Psychologie einsetzt, um kreativer, mutiger und überzeugender zu sein? Dann empfehle ich dir meinen Online-Kurs.

www.psychology-innovation.com

Wenn du denkst, dass du die Tools aus diesem Buch und das dahinter liegende Mindset in deiner Organisation verbreiten und Innovation zur Norm machen möchtest, kontaktiere mich bitte direkt bezüglich Vorträgen, Workshops und größerer Transformationsprogramme:

mail@felixhofmann.com